*Ferdinand Benjamin Busch*

# Die Bienenzucht in Strohwohnungen mit unbeweglichem Wabenbau

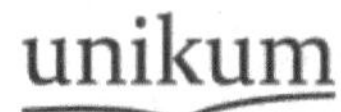

*Ferdinand Benjamin Busch*

**Die Bienenzucht in Strohwohnungen mit unbeweglichem Wabenbau**

---

*ISBN/EAN: 9783845743691*

*Erscheinungsjahr: 2012*

*Erscheinungsort: Bremen, Deutschland*



*www.unikum-verlag.de | office@unikum-verlag.de*

*Ferdinand Benjamin Busch*

# Die Bienenzucht in Strohwohnungen mit unbeweglichem Wabenbau

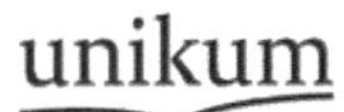

# Die Bienenzucht

in

## Strohwohnungen mit unbeweglichem Wabenbau.

Von

**J. B. Busch,**

Vicepräsident des Großherzogl. Sächsischen und Fürstl. Schwarzburgischen Appellationsgerichts zu Eisenach a. D., Komthur des Großherzogl. Hausordens der Wachsamkeit oder vom weißen Falken und Inhaber des Fürstl. Schwarzburg'schen Ehrenkreuzes I. Klasse.

Mit 37 in den Text gedruckten Abbildungen.

Leipzig,

Verlagsbuchhandlung von J. J. Weber.

1862.

# Vorwort.

---

Der Ruf:

Nur der Betrieb der Bienenzucht in Wohnungen mit theilbarem Wabenbau bringt Gewinn!

ist unter den meisten Schriftstellern über die Bienenzucht der allgemeine und fast Stimme der Zeit geworden. Männer wie Dzierzon, von Berlepsch, Kleine und andere halten jene Wohnungen für die allein empfehlenswerthen, und viele erklären die Behandlung der Bienen in Wohnungen mit unbeweglichen Waben geradezu für verwerflich. Nur der Graf Stosch in der Bienenzeitung von 1861, S. 72 und 73 erkennt an, daß, wenn auch nur in Dzierzon'schen Wohnungen der größtmöglichste Ertrag zu erzielen sei, doch auch andere Stöcke mit unbeweglichem Wabenbau lohnende Resultate lieferten.

Staunenswerth ist der Aufschwung, den das Interesse für Bienen und Bienenzucht in dem letzten Jahrzehnt genommen hat. Dzierzon und von Berlepsch, Ersterer durch seinen Stock mit herausnehmbaren Waben, Letzterer durch die Verbesserung desselben mittels der Rahmen, Beide durch Verbreitung der italienischen Bienenrace und durch Errichtung von größeren Beuten und Bienenpavillons, sind die Haupturheber des gewaltigen Aufschwungs der Liebhaberei für die Bienen geworden.

In Folge dessen hat die neueste Literatur folgende drei Werke aufzuweisen:

1) Die Biene und die Bienenzucht, von August Baron von Berlepsch. Preis 3 Thlr. 15 Gr.
2) Die rationelle Bienenzucht, von Dzierzon. Preis 2 Thlr.
3) Die Bienenzeitung, das Organ des Vereins der deutschen Bienenwirthe, in neuer gesichteter und systematisch geordneter Ausgabe, oder die Dzierzon'sche Theorie und Praxis der rationellen Bienenzucht nach ihrer Entwickelung und Begründung in der Bienenzeitung. Herausgegeben von Andreas Schmid, Seminarlehrer in Eichstädt, und Georg Kleine, Pastor in Lüethorst. 1. Band. 2 Thlr. 20 Ngr. 2. Band. 1 Thlr. 24 Ngr. (Nördlingen, bei Beck.)

Was soll da, werden Viele fragen, eine neue Schrift über die Behandlung der Bienen, zumal eine solche, die lediglich Altes lehrt und von den Fortschritten der Zeit keine Notiz nimmt? Der Standpunkt, von dem sie ausgeht, ist ja ein längst überwundener!

Der Einwand wäre gegründet, wenn nicht die Betriebsweise, sondern die Form der Wohnungen die Hauptsache, und wenn die Mehrzahl der Imker nicht nur zu einer Behandlung der Bienen in Dzierzon- oder ähnlichen Stöcken reif wäre, sondern auch die Mittel hätte, sich solche kostspielige Wohnungen anzuschaffen, und Zeit, sie mit der Aufmerksamkeit zu behandeln, wie sie behandelt werden müssen, wenn sie sich höher als gewöhnliche Wohnungen von Stroh verzinsen sollen.

Schön, immerhin schön ist die Idee, in großen Pavillons vierzig und mehr Bienenvölker zu einem gleichförmigen Ganzen zu gestalten, und überall bekannt sind die Bienenpavillons des Freiherrn von Berlepsch in Seebach, des Domainenpachters Kleine in Tambuchshof und des Kunstgärtners Lorenz in Erfurt; aber wer möchte einem Landwirthe — selbst wenn er nicht eben unbemittelt wäre — zumuthen, Hunderte auf einen solchen Bau zu verwenden? Müßte man nicht erröthen, wenn er erwiederte: Nein, da verwende ich das Geld lieber zum Ankauf von Aeckern?!

Unter dem größern und minder begüterten Theile der Bienenhalter herrscht theils in Folge großer Unwissenheit in der Naturgeschichte der Bienen, theils aus Mangel an praktischer Einsicht eine so verkehrte Behandlung, daß man zwar verödete Bienenstände, nur selten aber volle Honigtöpfe findet. Von einem rationellen Betriebe der Bienenzucht ist da keine Spur. Man durchreise nur Deutschlands cultivirteste Gegenden, und unter zwanzig Bienenbesitzern wird man kaum einen finden, der den Namen eines Züchters verdient. So ist der dermalige Stand der Dinge, und wer da glaubt, es sei der Bienenzucht bei dem Landmanne durch Empfehlung der Dzierzon'schen Zwitterstöcke, oder des Ottel'schen Strohprinzen, oder sonst einer künstlichen Bienenwohnung aufzuhelfen, der ist in einem großen Irrthum befangen. Wenn geholfen werden soll, muß dieses stufenweise geschehen, der erste Schritt aber muß der sein, einem rationellen Betriebe der Bienenzucht überhaupt und insbesondere in zweckmäßigeren Strohwohnungen bei dem Landmanne Eingang zu verschaffen; denn derselbe ist in den cultivirteren Gegenden einmal an das Stroh gewöhnt, die Strohwohnungen sind billig und er kann sie sich selbst fertigen. Erst mit Erreichung dieses Zieles ist der Schritt zu den Stöcken mit trennbarem Wabenbau (oder Rost) angebahnt und wird bei denjenigen Imkern, die sich einer solchen Behandlung gewachsen fühlen, von selbst erfolgen.

Was sodann die drei erwähnten Schriften anlangt, so sind sie für den Unbemittelten zu theuer und beschäftigen sich hauptsächlich mit dem Betriebe der Bienenzucht in Stöcken mit beweglichem Wabenbau. Dieser Betrieb ist zu sehr ausschließliche Ueberzeugung der Herren Verfasser geworden, als daß man etwas Anderes hätte erwarten können, und selbst von Berlepsch behandelt den Betrieb der Bienenzucht in Wohnungen mit unbeweglichem Wabenbau nicht mit der Liebe und Sorgfalt, die er verdient. Vor Allem aber vermißt man feste Grundsätze und einen geordneten Betriebsplan darüber, wie der Unbemittelte mit geringem Geld- und Zeitaufwande zu einem einträglichen Bienenstande gelangen kann, eine Aufgabe, deren Lösung für alle Arten der Bienenwohnungen gleich wichtig und nothwendig ist.

Darum wird die vorliegende Schrift für alle Imker, die einen Bienenstand gründen wollen, gleichviel mit welchen Wohnungen, von Interesse, den Unbemittelten aber eine willkommene Erscheinung sein. Traurig wäre es, wenn sich nur mit italienischen Bienen und in kostspieligen Wohnungen Bienenzucht mit Erfolg betreiben ließe; denn dann wäre sie den Unbemittelteren und namentlich den meisten Landbewohnern, denen sie eben als Erwerbsquelle ergiebiger fließen soll, so gut wie unzugänglich.

Aber das ist nicht der Fall, denn auch ohne alle künstliche und kostspielige Wohnungen rentirt die Bienenzucht noch und kann sogar zu einer erheblichen Quelle des Nationaleinkommens sich emporschwingen. Dieses zu zeigen und einen solchen einfachen Betrieb zu lehren, das ist die Aufgabe, deren Lösung diese Schrift bringen soll. Sie ist gewiß eine sehr wichtige, denn für den kleineren Landwirth, der nur wenige Aecker besitzt, ist ein jährlicher Gewinn von mehreren Thalern schon von Bedeutung, und wenn einige Millionen Hände, die jetzt feiern, den rechten Weg betreten; so würde es sich um eine Vermehrung des Nationaleinkommens handeln, die auch von Seiten der Staatsregierungen Beachtung verdiente. Die Richtigkeit dieser Ansicht ist schon geschichtlich bestätigt. Friedrich II., stets darauf bedacht, den Wohlstand seiner Länder zu vermehren, machte seinem Ministerium die Förderung der Bienenzucht zur dringenden Pflicht, und hob insbesondere hervor, daß der Ertrag dieses Zweiges der Landwirthschaft namentlich den kleineren Grundbesitzern von großem Nutzen sei. Dem hellen Blick des Königs entging es nicht, daß auch ein kleiner Gewinn in millionenfacher Vervielfältigung das Ganze fördert. Ich erinnere ferner an Maria Theresia, die der Bienenzucht gleiche Berücksichtigung widmete und eine Lehranstalt für solche, die sie erlernen wollten, gründete. Doch es bedarf dessen nicht, denn viele der deutschen Regierungen denken jetzt ebenso. Die Gründung besonderer Unterrichtsanstalten zur Heranbildung von Bienenmeistern läßt sich nicht wohl durchführen; sie würden eingehen, wie die von der Kaiserin Maria Theresia errichtete. Fest bestehend, weil unentbehrlich, sind dagegen die Landschullehrer-Seminare, und wenn, was sich so leicht bewerkstelligen läßt, die Seminaristen darin theoretischen und praktischen Unterricht in der Bienenzucht erhalten, so werden sie als Schullehrer durch Wort und Beispiel wirken und ein erfreulicher Erfolg wird nicht ausbleiben.

Die Hauptaufgabe ist und bleibt immer die, den bisherigen schlendrianmäßigen Betrieb der Bienenzucht auszurotten und überzeugend darzuthun, wie die Bienenzucht mit geringem Aufwande und doch mit sicherem Gewinn betrieben werden kann. Die Bedingungen hierfür liegen nicht in der Kostspieligkeit und künstlichen Construction der Wohnungen, sondern in anderen, auch dem gewöhnlichen Landmanne verständlichen Gründen. Eine lange Reihe von Erfahrungen, das heißt, reichliche Honigernten, selbst in schlechten Jahren, bürgen dafür, daß ich mich nicht getäuscht habe. In Thüringen könnte ich viele Zeugen stellen; allein ich führe nur einen an, dessen Ruf in Deutschland und über dessen Grenzen hinaus verbreitet ist, den Freiherrn von Berlepsch, welcher in einem seiner apistischen, an den Pfarrer Dzierzon gerichteten Briefe in der Bienenzeitung von 1854, S. 44, über meine Betriebsmethode sich so ausspricht:

„Wie man einen sichern jährlichen Durchschnittsreinertrag auch in den honigärmsten Gegenden erhält, hat Präsident Busch, früher in Arnstadt praktisch, später theoretisch gelehrt, und ich nehme, sogar Ihnen gegenüber, keinen Anstand zu behaupten, daß das Beste, was je in praktischer Beziehung über Strohbienenzucht honigarmer Gegenden geschrieben wurde, der Präsident Busch geschrieben hat. Braun hat noch einen Stand stricte nach Busch behandelt. Dort könnten Sie Strohriesen bewundern, die Sie so wenig, wie Ihren alten italienischen Mutterstock, mit der Hand würden vom Platze zu rühren vermögen; dort könnten Sie gefüllte Honigtöpfe reihenweise aufgespeichert sehen."

Für die unbemittelteren Klassen der Bevölkerung, insbesondere für die Landbewohner, ist diese Schrift bestimmt. Sie wird daher aus der Naturgeschichte der Bienen blos das für die Praxis Nothwendige, dagegen aber eine vollständige Anweisung zu der vortheilhaftesten Betriebsmethode geben. Kein wesentlicher Punkt wird unberücksichtigt, aber alles Unnütze bei Seite liegen bleiben. Dahin rechne ich eine Beschreibung der Bienenhäuser, der so verschiedenen Bienenwohnungen, daß man ein ganzes Buch darüber schreiben könnte, des Einfangens der Schwärme, des Beschneidens, des Essig- und Methbereitens.

Wohnungen und Betriebsmethode sind ganz verschiedene Dinge; die letztere giebt allein den Ausschlag, das heißt, einen sichern Gewinn. Aber das ist vielfach übersehen und insbesondere ist die Betriebsweise nicht genug gewürdigt worden. Darum soll in dieser Schrift die einfachste und billigste, jedoch einen sichern Gewinn bringende Behandlung der Bienen gelehrt werden. Aber erst dann wird das richtige Verständniß und die volle Ueberzeugung kommen, wenn man die verschiedenen Epochen der Bienenzucht in Deutschland, nämlich ihre Blüthezeit, ihren Verfall und die Ursachen desselben, näher kennen lernt. Daher habe ich mich auch hiermit ausführlich beschäftigen zu müssen geglaubt.

Im Uebrigen bitte ich zu bedenken, daß ich nicht ein systematisches Werk über die Bienenzucht liefern wollte, sondern daß mein Bestreben dahin geht, in einfacher und verständlicher Weise in den Kreisen, wo es noch noth thut, einer richtigen Behandlung der Bienen Eingang zu verschaffen.

Sondershausen, im April 1862.

Der Verfasser.

# Inhaltsverzeichniss.

# Erste Abtheilung.

## Naturgeschichtliche Bemerkungen über die Honigbiene, ihre Krankheiten und Feinde.

---

Schon das Wort Bemerkungen in der Ueberschrift dieses Abschnittes möge andeuten, daß ich mich auf das dem Praktiker Nothwendige beschränke; aber das, was ich gebe, muß jeder wissen, der Bienenzucht treiben will.

Für Solche, welche sich weiter über die Honigbiene und deren Naturgeschichte unterrichten wollen, lasse ich hier die Titel einiger Werke folgen, welche diesen Gegenstand ausführlicher behandeln:

Die Honigbiene, eine Darstellung ihrer Naturgeschichte. Von F. B. Busch. Gotha, bei Hugo Scheube, 1855.

Neue Beobachtungen an den Bienen, von Franz Huber. Nach der zweiten Ausgabe deutsch mit Anmerkungen herausgegeben von Georg Kleine, Pastor zu Luethorst. Einbeck 1856.

Die Biene und die Bienenzucht in honigarmen Gegenden. Von August Baron von Berlepsch. Mühlhausen, bei Friedrich Heinrichshofen, 1860.

Die Bienenzeitung, das Organ des Vereins der deutschen Bienenwirthe in neuer gesichteter und systematisch geordneter Ausgabe, oder die Dzierzon'sche Theorie und Praxis der rationellen Bienenzucht nach ihrer Entwickelung und Begründung in der Bienenzeitung. Herausgegeben von

Andreas Schmid und Georg Kleine. 2 Bände. Nördlingen, bei C. H. Beck. Der erste Theil behandelt die Naturgeschichte der Biene sehr ausführlich und kostet 2 Thlr. 20 Sgr.

Zu gedenken ist hier noch des neuesten Werkes von Dzierzon: Rationelle Bienenzucht, oder Theorie und Praxis des schlesischen Bienenfreundes. Preis 2 Thaler. 20 Bogen mit 50 Abbildungen. Brieg 1861. Die Naturgeschichte der Bienen ist aber darin nicht so ausführlich behandelt, wie in den vorhergenannten Werken.

---

## I.

## Die Honigbiene (apis mellifica).

Im normalen Zustande eines Bienenvolkes befinden sich fortwährend in demselben eine fruchtbare Mutterbiene und Arbeitsbienen, vom Frühjahre bis zum Ende der Schwarmzeit aber auch noch Drohnen. Die Königin ist ein Weibchen und zwar das einzige vollkommene Weibchen im Bienenvolke, welches alle Eier, aus denen sich Königinnen, Arbeiter und Drohnen entwickeln, legt. Fehlt die Mutterbiene, so ist der Stock weisellos und geht ebenso wie in dem Falle ein, wenn sie unfruchtbar ist, das heißt gar keine Eier, oder, wenn sie zwar Eier, doch keine befruchteten Eier legt. In der Schwarmzeit, und zwar nach Abzug der fruchtbaren Mutter mit dem Vorschwarme, ist eine Zeitlang auch keine fruchtbare Mutterbiene im Stocke, aber es sind meistens mehrere derselben im Werden (angesetzt), von denen die älteste nach wenigen Tagen ausläuft; oder es werden, wenn der Vorschwarm ein unvorbereiteter war, bald Maden zu Königinnen herangezogen, sodaß von einer Weisellosigkeit im eigentlichen Sinne nicht die Rede sein kann. Nachstehende Abbildung (Fig. 1) zeigt offene und bedeckelte Drohnen-, Bienen- und Weiselzellen. a b c sind

Weiselzellen, a eine noch nicht vollendete, b eine noch zugedeckte und c eine Zelle, die die Königin aufgebissen und verlassen hat.

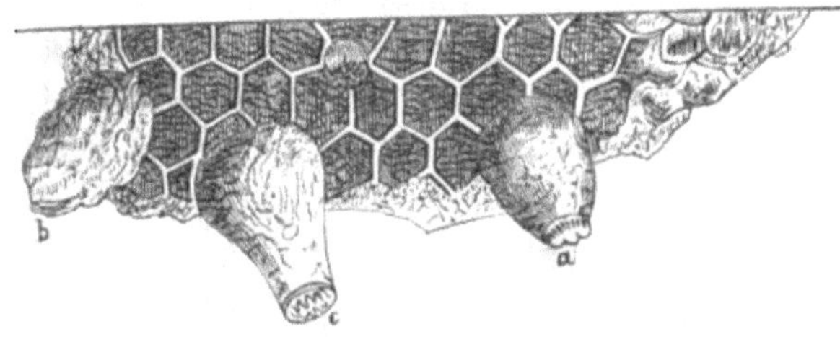


Fig. 1.

Auf die Weisellosigkeit außerhalb der Schwarmzeit hat aber der Bienenwirth sein sorgfältigstes Augenmerk zu richten, weil stets der Stock eingeht und, wenn man sie nicht bald bemerkt, der in jenem befindliche Honig verzehrt, oder, was das Schlimmste ist, den Raubbienen zu Theil wird. Ein Bienenvolk nun, in welchem sich außer der Schwarmzeit gar keine, oder eine gänzlich unfruchtbare, oder eine blos Drohneneier legende Mutterbiene befindet, ist in einem nicht normalen Zustande und — ein Todescandidat. Fälle der letztern Art, das heißt drohnenbrütiger Königinnen, sind sehr selten und mir ist blos ein einziger vorgekommen, aber ein so vollkommener, wie man ihn wohl selten erlebt. Die Drohnenbrut stand Zelle an Zelle und Tafel an Tafel so regelrecht, wie Bienenbrut; aber sie befand sich in Bienenzellen und alle Zellen hatten hochgewölbte Deckel. Massenweise strömten kleine bräunlich behaarte Drohnen heraus, wohl in zehnfach größerer Zahl als die noch vorhandenen Bienen. Auf der nebenstehenden Abbildung (Fig. 2) enthalten die flach zugedeckelten Zellen a b c d Bienenbrut in Bienenzellen, und die mit gewölbten Deckeln zugespündeten Bienenzellen Drohnenbrut, die von einer drohnenbrütigen Königin herrührt.

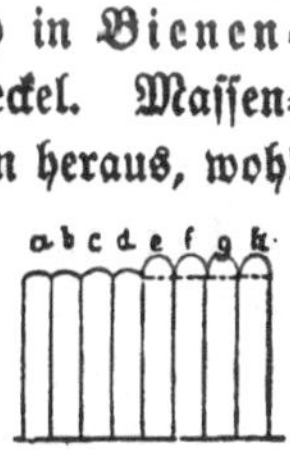

a b c d e f g h

Fig. 2.

Weit öfter kommen, zumal in abgeschwärmten Mutterstöcken, Fälle der Weisellosigkeit vor, wo man klumpenweise zerstreute Drohnenbrut, aber solche, die in Drohnenzellen höchst unregelmäßig steht, vorfindet; diese rührt nicht von einer Mutterbiene, sondern von einzelnen zum Eierlegen fähigen Arbeitsbienen her, aus deren Eiern sich nur Drohnen entwickeln. Die nachstehende Abbildung (Fig. 3) zeigt solche monströse

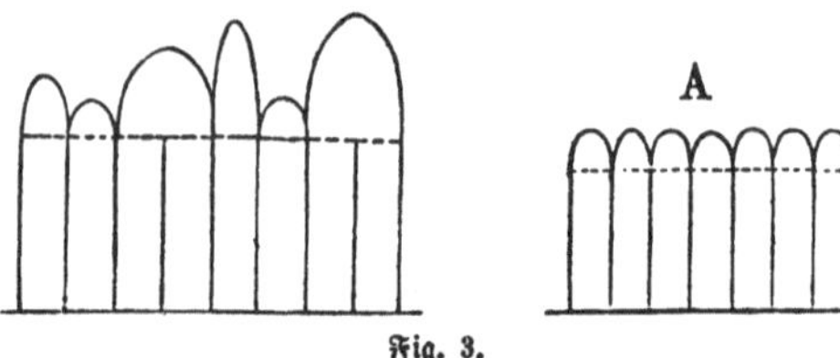

Fig. 3.

Brut in bedeckeltem Zustande. Figur A ist regelmäßige von der Königin herrührende bedeckelte Drohnenbrut in Drohnenzellen.

Ebenso wenig normal ist der Zustand eines Bienenvolkes, welches nach der Drohnenschlacht noch Drohnen hat; denn auch das läßt sicher auf Weisellosigkeit schließen. Gewiß mit gutem Grunde behauptet Dönhoff in der Bienenzeitung von 1860, S. 53, daß der auf Erbrütung einer jungen Königin und deren Befruchtung durch Drohnen gerichtete Instinct weiselloser Bienen die Ursache sei, warum sie Eier legen und die Drohnen nicht austreiben, sondern dulden.

Nach den Beobachtungen tüchtiger Gewährsmänner findet sich selbst im normalen Zustande eines Bienenvolkes im Herbste oder Winter außer der Regentin bisweilen noch eine zweite alte Königin vor; die Fälle sind aber selten, und die letztere, die blos geduldet wird, verliert sich unbemerkt, ohne daß durch das Erscheinen und den Abgang der zweiten Altmutter das Wohlbefinden des Stockes gestört wird.

Fast alle Schriftsteller rühmen die Anhänglichkeit, welche die Bienen an ihre Königin haben sollen, und daß sie solche begleiten, füttern und vertheidigen. Diese Lehre hat jedoch in neuerer Zeit einen bedeutenden Stoß erhalten, indem durch genauere Beobachtungen viele Fälle nachgewiesen worden sind, wo die Bienen sowohl ihre fruchtbare Mutter, die sie schon länger hatten, als auch die vom Befruchtungsausfluge heimkehrende junge Mutterbiene trotz der gelungenen Befruchtung umgebracht haben. Die Veranlassung hierzu liegt noch im Dunkeln, doch sind jene Fälle meistentheils nach Oeffnen und Beunruhigen der Stöcke eingetreten. Auch ist es nicht räthlich, eine Königin mit bloßer Hand anzufassen und dann den Bienen wiederzugeben, weil sie dadurch leicht einen fremdartigen Geruch erhalten kann. Man vgl. Hübler in der Bienenzeitung von 1860, S. 32; Rothe, Bienenzeitung 1861, S. 30 und S. 152; Keding, ebendas., S. 151.

## Die Königin.

Die Königin (Fig. 4) entsteht aus einem von einer fruchtbaren Königin gelegten Ei und wird in einer Weiselzelle erbrütet,

Fig. 4.

die einer Eichel gleicht und meistens am Rande einer Wabe angeheftet ist. Vom Dasein des Eies an bis zu ihrer völligen Reife als Insect bedarf eine Königin 16—22 Tage. Das Ei entwickelt sich binnen 3 Tagen zur Made, diese bleibt 5—8 Tage unbedeckelt, und 8—10 Tage als Nymphe zugedeckelt. Als Insect nagt sie den Deckel ihrer Zelle entzwei und schlüpft aus. Nicht allein aus Eiern, die in königliche Zellen gelegt sind, sondern aus jedem von der Königin gelegten, in einer Arbeitsbienenzelle liegenden Ei, ja sogar aus Bienenmaden, die ein gewisses Alter noch nicht überschritten haben, können

Königinnen erbrütet werden, wenn sie (nach Huber) einen besonders zubereiteten Futtersaft, oder (nach Gundelach) eine reichlichere Quantität Futter erhalten. Nach Dzierzon's und von Berlepsch's Beobachtungen eignen sich noch sehr alte Bienenmaden, selbst solche, die die Bienenzelle fast ganz ausfüllen und dem Bedeckeln nahe sind, zu jener Metamorphose (Umbildung in eine Mutterbiene); aber die Bienen nehmen so alte Maden doch nur dann, wenn sie jüngere nicht haben. Früher war die allgemeine Meinung die, daß nur aus Maden, die noch nicht 3½ Tage alt seien, Königinnen erbrütet werden könnten, und jedenfalls thut man wohl, dann, wenn man junge Mutterbienen aus einem Stück Brutwabe erbrüten lassen will, hierzu eine solche zu verwenden, in welcher sich Maden von verschiedenem Alter befinden.

Jede Königin muß erst befruchtet werden, ehe sie Eier zu legen vermag, aus denen wieder Mutterbienen oder Arbeiter sich entwickeln. Zu jenem Behufe muß sie ausfliegen; denn der Begattungsact geschieht im Fliegen, in der Luft, nicht innerhalb des Stockes und nicht im Sitzen. Jene Ausflüge nennt man Befruchtungs-, Begattungsausflüge, und sie finden erst dann statt, wenn eine Königin zur Alleinherrschaft gelangt ist, also im Mutterstocke erst dann, wenn alle andern jungen Mutterbienen vertrieben oder getödtet sind. Die Königinnen müssen bisweilen mehrere Male ausfliegen, ehe sie zur Befruchtung gelangen, und ihre Befruchtungsfähigkeit dauert nur eine bestimmte, bald längere, bald kürzere Zeit, doch zumeist nie über 6—8 Wochen. Sie merken sich beim Ausfluge, indem sie kleinere und größere Kreise um ihre Wohnung ziehen, den Standort derselben genau und man darf sie daher beim Ausfliegen und namentlich bei ihrer Rückkehr nicht irritiren. Die Zeit der Befruchtungsausflüge sind die wärmeren Nachmittagsstunden von 1 Uhr an. Ist die Befruchtung gelungen, so kehren sie mit einem vollern Hinterleibe zurück, der bisweilen mit einem weißlichen Safte bedeckt ist, und aus dessen Ende (in seltenen Fällen) ein weißer Faden, oder ein Anhängsel hervorragt, das ein Theil des Zeugungsapparates der Drohne ist. Nach 46—48 Stunden, vom Momente der Befruchtung an, fängt die Königin an zu legen, und sie legt in ihrem ersten Lebensjahre keine oder nur sehr wenige Drohneneier, desto mehr aber im nächsten Jahre. Es ist aber falsch, daß sie 28 Tage lang Nichts als Drohneneier lege, wie Huber behauptete; denn selbst zu der Zeit, wo sie die meisten Drohneneier legt, bilden diese immer nur eine sehr kleine Zahl im Verhältniß zu den Eiern, aus denen Bienen entstehen. Die Bienenbrut sowohl als die der Drohnen steht geschlossen und abgesondert von einander, wenn sie auch oft unmittelbar an einander grenzt. So ist es wenigstens im normalen Zustande eines Bienenvolkes.

Bei der Befruchtung wird aber nicht, wie ich mit Vielen früher glaubte, der Eierstock der Königin befruchtet, sondern es findet bei den Bienen individuelle Befruchtung des Eies, aber merkwürdigerweise nur Befruchtung der Eier statt, aus denen weibliche Bienen, also Königinnen und Arbeitsbienen, entstehen; aus den von ihr unbefruchtet abgehenden Eiern entstehen stets nur Drohnen. In dem Hinterleibe der Mutterbienen befindet sich nämlich eine Samentasche (receptaculum seminis), in welche sich der männliche Same der Drohne bei der Begattung ergießt und welche damit mehr oder weniger angefüllt wird. Das befruchtende Element in jenem Behälter bilden die Samenfäden. Die Größe der Samentasche reicht nach Professor Leuckart's Berechnung hin, um 25 Millionen Samenfäden zu fassen. Die Samentasche mündet in den Ausführungsgang, durch welchen die Eier abgehen, aus, und jedes Ei, welches den Keim zu einer weiblichen Biene erhalten soll, wird, während es an der Mündung der Samentasche vorbeigeht, von einem oder mehreren der in jener sich befindenden und mit dem Ei in Berührung tretenden Samenfäden angebohrt, welche schnell und tief in dasselbe eindringen; aus denjenigen Eiern aber, in welche kein Samenfaden eindringt, entstehen nur Drohnen oder männliche Bienen. Daraus folgt, daß die Eier dem Keime nach nicht verschieden sind. Da die Eier, aus denen weibliche Bienen werden, von den Eiern, aus welchen Drohnen entstehen, auch äußerlich nicht verschieden sind, so ist es unerklärlich, daß im normalen Zustande eines Bienenvolkes die Königin in die Bienenzellen nur befruchtete, in die Drohnenzellen aber nur unbefruchtete Eier legt; es steht aber fest, daß es so ist.

Auch daran ist nicht zu zweifeln, daß die Königin nur einer einmaligen Befruchtung bedarf, um für ihr ganzes Leben fruchtbar zu werden und Jahre lang viele Tausende von Eiern legen zu können.

Ist ihre Befruchtung erfolgt, so stellt sie die Ausflüge ein und verläßt den Stock nie wieder, ausgenommen, wenn sie mit dem Vorschwarm auszieht; auch nicht zum Behuf ihrer Reinigung im Frühjahre, indem sie sich ihres Unrathes in der Wohnung entledigt. Wie viele Eier eine Königin täglich und jährlich legt, darüber wird man nie ins Klare kommen, da die Eierlage nach ihrer Individualität und andern Einflüssen verschieden ist. Es sind Dzierzon und von Berlepsch Fälle vorgekommen, wo eine Mutter in der besten Zeit täglich zwischen 2—3000 Eier gelegt hat. Das von Klopfleisch und Kürschner angegebene Maximum von 500 für den Tag ist viel zu gering. Die Fruchtbarkeit einer Mutterbiene hält mehrere Jahre an; aber mit dem dritten oder vierten Lebensjahre nimmt sie meistentheils ab, was man daraus gewahrt, daß der Brut immer weniger wird und daß sie nicht mehr geschlossen, sondern zwischen Bienenbrut auch Drohnenbrut steht. Nach von Berlepsch, Handbuch, S. 110, fühlen die Königinnen in der Regel das nahende Ende ihres Lebens bezüglich der Fähigkeit zum befruchteten Eierlegen voraus und legen dann unbefruchtete Eier; und ebenso ahnen dieses auch die Arbeiter, indem sie in Fällen, wo die Königin in außergewöhnlichen Zeiten Eier zu Drohnen legt, Weiselwiegen erbauen und junge Königinnen erbrüten. Gewiß ist, daß die Bienen auch außer der Schwarmzeit die Königin wechseln und daß dann, wenn der Wechsel in eine Jahreszeit fällt, wo keine Drohnen vorhanden sind, oder der Begattungsausflug wegen des kalten Wetters nicht erfolgen kann, Unfruchtbarkeit oder Drohnenbrütigkeit der Königin die Folge ist.

Auch solche Königinnen, die befruchtete Eier legten, werden bisweilen drohnenbrütig, d. h. sie legen nun blos Eier, aus denen Drohnen entstehen. Die Gründe hiervon sind noch nicht bekannt. Nach der auf Versuche gestützten Ansicht Leuckart's kann auch eine durch Erstarrung hervorgerufene Lähmung derjenigen Muskeln, von deren regelmäßiger Thätigkeit die Befruchtung der Eier abhängt, Drohnenbrütigkeit herbeiführen; unwahrscheinlich ist dagegen, daß die Samenfäden durch Erstarrung unbeweglich werden. S. Küchenmeister in der Bienenzeitung von 1860, S. 185, und besonders Leuckart und Kolb in der Bienenzeitung von 1861, S. 149.

In der Schwarmzeit wechselt jeder Stock, welcher schwärmt, seine Königin, indem mit dem Vorschwarm stets *) die alte fruchtbare Mutterbiene abgeht, wodurch eine neue Colonie entsteht (Vorschwarm). Der Mutterstock, d. h. der Stock, welcher den Vorschwarm abgestoßen hat, giebt nicht selten noch mehrere Schwärme, die man Nachschwärme (Afterschwärme) nennt, und die stets von jungen (noch unbefruchteten) Mutterbienen geführt werden, von denen sich bei einem Nachschwarme

---

*) Einen Ausnahmefall, wo die alte Mutter beim Schwärmen im Stocke geblieben und dieser von einer jungen geführt worden ist, hat Dzierzon beobachtet, aber eine so große Seltenheit bestätigt eben die Regel. Stirbt die alte Mutter vor Abgang des Vorschwarms, so zieht mit diesem eine junge Mutter aus, und man nennt jenen „Singervorschwarm", weil vorher die junge Mutter im Stocke getütet (gesungen) hat.

oft mehrere befinden; ich fand deren einmal acht. Dem Nachschwärmen geht in der Regel ein Tüten und Quaken im Mutterstocke vorher, von denen jenes von den außer der Zelle in jenem befindlichen jungen Königinnen, dieses von den noch in der bedeckelten Zelle steckenden herrührt. Die Schwarmperiode dauert oft 14 Tage und darüber, vom Abgange des Vorschwarms an gerechnet; dann werden die überzähligen jungen Mütter von den Bienen erstickt oder zum Stocke hinausgejagt, so daß nur eine, die als Herrscherin angenommen wird, am Leben bleibt. Bisweilen, wenn auch selten, kämpfen Königinnen selbst mit einander, bis die eine unterliegt; aber es kommt auch der Fall vor, daß gar keine gesunde Königin im Stocke übrig bleibt, und dann wird dieser weisellos.

## Die Drohnen.

Die Drohnen (Fig. 5) entstehen aus unbefruchteten Eiern, die die Königin legt, und bedürfen zu ihrer Entwickelung vom Ei

Fig. 5.

bis zum Insect 24—28 Tage. Sie sind männlichen Geschlechts und haben keine andere Bestimmung als die Befruchtung der Mutterbiene. Sie erscheinen daher blos im Frühjahre und werden von den Bienen, sobald diese das Schwärmen einstellen, und überhaupt, sobald die Honigtracht im Sommer abnimmt, ausgetrieben (Drohnenschlacht). Einzelne werden bisweilen den Winter hindurch geduldet. Sie tragen nie Honig ein und man sieht sie daher nie auf einer Blume. Nur in den heißesten Tagesstunden fliegen sie. Ihre Nahrung ist theils Futtersaft, den ihnen die Bienen reichen, größtentheils aber reiner Honig, den sie im Stocke reichlich zu sich nehmen. Ein Stock, der die Drohnen nicht abtreibt, ist in der Regel weisellos.

Ausnahmsweise entstehen in weisellosen Stöcken, aus Eiern, welche Arbeitsbienen legen, geschlechtlich vollkommene Drohnen.

## Die Arbeitsbienen.

Die Arbeitsbienen (Fig. 6) sind es allein, die arbeiten. Die Königin hat kein anderes Geschäft, als Eier zu legen, die

Fig. 6.

Drohnen keins, als die Befruchtung der Mutterbienen. Alle Arbeiter sind unvollständig entwickelte Weibchen und bedürfen zu ihrer Entwickelung vom Ei bis zum Insect regelmäßig 21 Tage; männliche Arbeitsbienen gehören ins Reich der Fabel.

Unter den fünf Sinnen der Bienen ist der Geruchssinn der schärfste, aber sie sehen auch recht gut und haben ein starkes Ortsgedächtniß, indem sie ihren Standort Monate lang merken. Ihre vorzüglichsten Geschäfte sind die Bereitung des Futtersaftes für die Brut, die Ernährung und Erwärmung derselben, Eintragen von Blumenmehl, Wasser, Honig und Vorwachs, Production des Wachses und Bauen von Waben. Sie verkleben die Lücken in ihrer Wohnung und vertheidigen dieselbe; kurz sie verrichten alle Arbeiten, welche zum Wohlbefinden der Colonie erforderlich sind. Ihr Flugkreis erstreckt sich nicht weiter als eine halbe Stunde.*) Eine Biene wird selten ein Jahr alt.

*) Mein Aufsatz in der Bienenzeitung vom Jahre 1852, Nr. 14, S. 125. Gundelach, Naturgeschichte der Honigbiene, S. 32.

Nun habe ich noch Folgendes zu bemerken:

1.

Besondere Beachtung verdient in ökonomischer Hinsicht die Wachsproduction, weil die Bienen zu derselben viel Honig bedürfen. Das Wachs ist nämlich ein Product des Bienenkörpers und wird durch die zu beiden Seiten des Hinterleibes der Arbeitsbienen befindlichen Falten oder Oeffnungen in Form kleiner weißer Blättchen ausgeschwitzt, sodann aber, nachdem sie die Blättchen mit den Hinterfüßen abgestreift haben, von ihnen zum Bauen der Waben oder Tafeln verwendet. Huber, Jähne und Andere sind der Ansicht, daß das Wachs stets nur aus Honig bereitet werde, während von Berlepsch, Dzierzon und Andere behaupten, daß die Wachsproduction durch Pollen und Wasser sehr befördert werde und daß die Bienen auf die Länge aus purem Honig, ohne Pollen und Wasser, Wachs auszuschwitzen nicht vermögend sein würden, indem ihr Körper darunter leide. Das Wieviel der Procente, welche durch den Pollen an Honig bei der Wachsbereitung erspart werden, läßt sich, wie von Berlepsch gezeigt hat, nicht genau angeben, es ist jedoch bedeutend. S. Dönhoff in der Bienenzeitung von 1861, S. 15. Durch Gundelach's und von Berlepsch's Versuche ist erwiesen, daß die Bienen, wenn sie aus reinem Honig Wachs produciren, zu 1 Loth Wabenbau 20 Loth Honig, also zur Production eines Pfundes Wachs 20 Pfund Honig verzehren und verdauen müssen. Dieses Consum an Honig wird sich vermindern, wenn sie Pollen haben; aber es wird immer noch zur Erzeugung eines Pfundes Wachs eines Aufwandes von 12—15 Pfund Honig bedürfen, auch wenn die Bienen im Besitze von Pollen sind. Das steht fest und das muß dem Bienenzüchter genügen, um jede leere Wachstafel zu schonen und sie für die Bienen zu erhalten. Die Bienen tragen auch Vorwachs (propolis, Bienenkitt) ein; dieses ist jedoch ein reines Naturproduct und besteht aus harzigen Bestandtheilen, die sie von den Balsampappeln, den Knospen der Kastanie, Fichte u. s. w. sammeln. Wachs ist darin gar nicht enthalten.

2.

Einer Erwähnung bedürfen noch die Bienen, welche die Brut füttern und belagern, die sogenannten Brutbienen. Sie verlassen die Brut nur von Zeit zu Zeit und in den wärmeren Nachmittagsstunden von 1—3 Uhr, um sich zu reinigen, weil sich durch Verzehrung von Pollen, der zur Bereitung des Futtersaftes erforderlich ist, viel Unrath bei ihnen ansammelt. Ihr Leib ist daher dick, gleich dem der Bienen, welche einen Stock berauben, und sie kriechen auch, gleich diesen, wenn sie aus dem Flugloche kommen, erst an dem Stocke in die Höhe und fliegen oft, rückwärts sich schwingend, ab. Als Anfänger hielt ich sie für Raubbienen, gewahrte aber meinen Irrthum, als ich einige zerdrückte und Nichts als Unrath in ihnen fand.

Mit diesen Bienen kommen zu der gedachten Zeit noch viele andere grauliche, mehr behaarte Bienen aus dem Stocke heraus, die vor demselben im Kreise herumfliegen (vorspielen), es sind das junge Bienen. Ueberhaupt findet sich das Vorspielen sehr häufig, und nicht nur bei der Frühjahrsreinigung, sondern auch im spätern Frühjahre und Sommer, bei allen guten Stöcken, zumal wenn einige Tage schlechtes Wetter war. Es findet meistens in den Nachmittagsstunden von 1—3 Uhr statt und ist ein Zeichen des Wohlbefindens der Bienenvölker.

3.

Wird ein Stock weisellos, so stocken alle Geschäfte der Arbeitsbienen in demselben und insbesondere hört der Wachsbau auf; höchstens dauert er noch in der ersten Zeit, wenn das Volk stark ist, fort.

## 4.

Erwähnt habe ich schon, daß es auch Arbeiterinnen giebt, welche Eier legen; aus den von ihnen gelegten Eiern entstehen aber nur Drohnen, die indessen ebenso vollkommene Männchen sind, als die Drohnen, die aus den Eiern der Mutterbienen entstehen. Die eierlegenden Arbeitsbienen sind Abnormitäten und finden sich in der Regel nur in weisellosen Stöcken, in welchen man daher oft noch Drohnenbrut findet, wo sie von der längst abgegangenen Mutterbiene gar nicht mehr herrühren kann. Sie ist höchst unregelmäßig und klumpenweise in Drohnenzellen, die bisweilen zusammengebaut sind, angesetzt, und ein sicheres Zeichen der Weisellosigkeit. Die eierlegenden Arbeiter verrichten keinerlei Geschäfte im Stock und auch ihre Eierstöcke sind sehr unausgebildet, so daß sie nur wenige unbefruchtete Eier zu legen vermögen.

## 5.

Mit dem Ende der Schwarmzeit zeigen sich häufig an einzelnen Stöcken schwarze glänzende Bienen, die einen den Drohnen ähnlichen schwirrenden Flug haben, unsicher an den Stöcken herumfliegen und sich auf denselben niedersetzen. Matuschka hielt sie für Drohnenmütter und ich stimmte ihm bei. Unsere Ansicht ist aber falsch, da die Königin auch die Eier zu den Drohnen legt. Ihr schwirrender Flug, ihre Unsicherheit und ihre wespenartige Taille charakterisiren sie mehr, als ihr schwarzglänzendes Colorit, das von verschiedenartigen Ursachen herrühren kann. Etwas Bestimmtes weiß man noch nicht von ihnen; denn Alles, was man seither über sie gesagt, besteht in Hypothesen, aber eine Erscheinung von Wichtigkeit sind sie aller Wahrscheinlichkeit nach für die Praxis nicht.

An Farbe und Größe findet man bei Königinnen, Drohnen und Arbeitsbienen hin und wieder Verschiedenheiten, die aber ebenfalls nicht wesentlich sind. Das Merkwürdigste, was ich in dieser Hinsicht gesehen, waren weiße Drohnen mit rothen Augen, die ein Stock des Lehrers Göbecke zu Nägelstedt bei Langensalza zu Tausenden hervorgebracht hatte.

Die neuen Entdeckungen in der Naturgeschichte der Honigbiene, die erst das wahre Licht brachten, verdanken wir vor Allen dem Pfarrer Dzierzon in Carlsmarkt, sowie den Professoren Leuckart in Gießen und von Siebold in München, demnächst aber dem Freiherrn August von Berlepsch in Seebach, der die Lehre Dzierzon's, als dieser selbst einmal zu wanken schien, von Neuem befestigte und den genannten Naturforschern auf seinem Bienenstande das reichhaltigste Material zu ihren Untersuchungen lieferte, sodann dem Pastor Kleine in Luethorst und dem Dr. Dönhoff, dessen Aufsätze größtentheils in der Bienenzeitung sich befinden. Den Kernpunkt bildet der Erfahrungssatz:

> Daß alle Eier an den Eierstöcken der Königin an sich männliche sind und zu Männchen sich entwickeln, wenn sie unbefruchtet in die Zellen gelangen, in weibliche dagegen sich verwandeln, wenn sie befruchtet werden.

Wer sich ausführlicher unterrichten will, den verweise ich auf von Siebold's Schrift:

> Wahre Parthogenesis bei Schmetterlingen und Bienen. Leipzig, bei Engelmann, 1856. S. 48 fg.

und auf das Handbuch des Barons von Berlepsch:

> Die Biene und die Bienenzucht in honigarmen Gegenden. Mühlhausen in Thüringen 1860, bei Heinrichshofen, S. 49 fg.

Nur mit ein Paar Worten habe ich schließlich der italienischen, durch gelbe Farbe kenntlichen Bienenart zu gedenken, deren Vorzüge in der Bienenzeitung seit Jahren, namentlich von Dzierzon, angepriesen worden sind, während sie sich nach den Erfahrungen des Freiherrn von Berlepsch (s. dessen Werk S. 201) fast auf Null reduciren. Die Ansichten sind eben getheilt; gewiß aber ist, daß sich die Race, wenn es überhaupt eine besondere, in Folge klimatischer Einflüsse nicht ausartende ist, nur sehr schwer rein erhalten läßt.

## II.

## Von den Krankheiten der Bienen.

Von diesen kenne ich aus Erfahrung nur zwei; denn die Weisellosigkeit rechne ich nicht zu denselben und die Vergiftung läßt sich nicht als besondere, den Bienen eigenthümliche Krankheit betrachten.

### 1. Die Ruhr.

Sie ist allbekannt und besteht darin, daß die Bienen den Unrath, der sich in ihren Eingeweiden angesammelt hat, nicht mehr zurückhalten können, sondern gegen ihre Gewohnheit im Stocke von sich geben, wodurch die Wände desselben, die Wachswaben, das Flugbret und insbesondere das Flugloch, mit einer braunen oder braungelblichen Feuchtigkeit, die bisweilen mehr oder weniger consistent ist, überzogen werden.

Wenn man auf honig- und volkreiche Stöcke hält und die Bienen gut überwintert, wird die Ruhr eine seltene Erscheinung sein; denn daß einzelne Bienen ihren Unrath bisweilen fallen lassen, das nenne ich nicht Ruhr und kommt, namentlich bei der Frühjahrsreinigung, nicht selten vor. Ich hatte einmal meine Bienen vier Monate eingestellt und es zeigte sich keine Ruhr; sie wurden aber auch durch Nichts beunruhigt, und es war während des Einstellens kein erheblicher Witterungswechsel eingetreten. Ueberhaupt ist mir die Ruhr seit der Zeit, wo ich auf honig- und volkreiche, insbesondere weite Ständer (Strohriesen) hielt, nicht mehr vorgekommen. Dagegen trat sie bei mir früher, wo ich schwache, honigarme Stöcke, zumal Schwärme, überwinterte und schon im Februar oder März füttern mußte, regelmäßig ein. Dieses Füttern mit flüssigem Honig in den gedachten Monaten, also die Nothfütterung, ist eine der Hauptquellen des Uebels. Sodann wird sie auch durch schlechten, d. h. solchen Honig verursacht, der viele auszuscheidende Stoffe enthält, von dem sich also bald und viel Koth in den Leibern der Bienen absondert. Es wird deshalb vor dem Haide- und amerikanischen Honig gewarnt; namentlich sagt Knauff, daß in manchen Jahren der Haidehonig, weil er zu hitzig und treibend sei, Ruhrepidemien mit sich bringe, und auch von dem Honig aus der Fichte behaupten solches Hofmann und von Ehrenfels. Daß auch ein kalter und feuchter Wintersitz, also Erkältung der Bienen, die Ruhr nach sich ziehe, ist erklärlich; es kann aber diese Veranlassung durch eine zweckmäßige Ueberwinterung vermieden werden.

Die Krankheit hat ihre verschiedenen Grade, je nachdem mehr oder weniger Bienen desselben Stocks von ihr befallen werden, und hört beim Eintritt milder Witterung, wo sich die Bienen reinigen können, von selbst auf. Alles zu frühzeitige Füttern bei dem Vorhandensein der Krankheit ist eher schädlich als nützlich, später mag solches eher gehen, indem es die Bienen belebt und zur Thätigkeit anspornt. Schwache Stöcke, zumal kümmerlich durchwinterte Schwärme, erholen sich selten wieder von der Krankheit und es wird Nichts aus ihnen; gute Stöcke überwinden sie ohne bleibenden Nachtheil. Mittel gegen dieselbe giebt es nicht, da der Eintritt günstigen Wetters zum Behufe der Reinigung der Bienen nicht von dem Willen des Menschen abhängt, und die Anwendung von Spirituosen den Bienen eher schadet als nützt. Die Mutterbiene soll von der Ruhr nie befallen werden. Der Vorschlag, die Stöcke bei langen Wintern in die Stube zu stellen und sich in derselben reinigen zu lassen, ist unausführbar.

## 2. Flugunfähigkeit.

Diese Krankheit, wenn sie überhaupt als solche aufgestellt werden kann, ist mir bekannt, und ich habe mir viele Mühe gegeben, sie zu erforschen. Sie besteht darin, daß, namentlich in den Nachmittagsstunden, eine Menge Bienen an der Erde, meistentheils hastig, herumkriechen und auffliegen wollen, solches aber nicht vermögen; im Uebrigen scheinen sie gesund zu sein. Man bemerkt keine Höschen an ihnen und auch Honig findet man nicht in ihnen, wohl aber eine widerlich schmeckende scharfe Feuchtigkeit, wenn man sie zerdrückt. Diese Erscheinung bemerkte auch ich nur bis in die Mitte des Juni und nur bei trockenem, dem Honigen der Gewächse ungünstigen Wetter, meistentheils bei herrschender Ostluft. Man schrieb auf dem Lande diese Krankheit der Weißdornblüthe zu. Aber in dem Umfange, daß täglich Tausende von Bienen vor dem Bienenstande herumkriechen und schon des Morgens, wie in Todesangst, aus den Fluglöchern stürzten, habe ich sie nie bemerkt; wohl aber tritt dieser letztere Zustand bei Vergiftungen ein, wie ich leider aus Erfahrung weiß. Von dem Honigsafte der blauen Kornblume kann die Flugunfähigkeit der Bienen ebenfalls nicht herrühren; denn sie tritt bei uns in Thüringen nur noch Mitte Juni auf (von Berlepsch, Handbuch, S. 150) und da blüht die blaue Kornblume noch lange nicht. Unter den herumkriechenden flugunfähigen Bienen habe ich viele an ihrem grauen behaarten Zustande als junge erkannt, die von Natur Fehler an den Flügeln gehabt haben mögen, andere, offenbar alte, hatten verstoßene Flügelspitzen, oder ihre Flügel waren verrenkt, und ich glaube daher, daß man die erwähnte Erscheinung eine Krankheit gar nicht nennen kann, da sie wahrscheinlich von verschiedenen Ursachen herrührt. So lange wir aber ihren Grund nicht kennen, kann selbstverständlich von Mitteln dagegen nicht die Rede sein.

### 8. Die Faulbrut.

Ueber deren Entstehung herrschen noch die verschiedensten, zum Theil offenbar falschen Ansichten. Sie ist ein Absterben und Verfaulen der Maden in den Zellen theils im bedeckelten, theils im unbedeckelten Zustande der letztern. Faulbrütige Zellen trifft man in vielen Stöcken an, aber in der Regel nur einzelne, und die Bienen werfen die darin befindlichen Maden meistentheils aus, oder sie vertrocknen auch wohl und der Ueberrest der Made wird später hinausgeschafft. Bei Erkältung eines großen Theiles der Brut tritt die Faulbrut in höherem Grade auf; doch werden auch hier, wenn sie nicht ansteckend ist, die Bienen über sie Herr; wohl aber mag sich bisweilen ein wahres Contagium entwickeln. Das Gefährliche besteht daher in der Ansteckungskraft, und von Berlepsch sowie Dzierzon unterscheiden wohl mit Recht die nicht ansteckende und die ansteckende Faulbrut. Die letztere muß sehr selten sein, denn sie ist nur sehr wenigen Bienenzüchtern aus Erfahrung bekannt. Dzierzon vorzüglich hat mit ihr lange zu kämpfen gehabt und ihre verheerende Wirkung kennen gelernt; er schreibt ihren Ursprung amerikanischem Honig, den er fütterte, zu, der wahrscheinlich aus faulbrütigen Stöcken stammte.

Man hat Fälle beobachtet, in denen alle Maden verkehrt, d. h. mit dem Kopfe nach unten in der Zelle lagen, und auch solche, wo dieses nicht der Fall war. Erst neuerlich (Bienenzeitung von 1860, Nr. 1) hat Dr. Asmus entdeckt, daß in einem Stocke sämmtliche faulbrütige Maden eine kleine lebendige Made von Phora incrassata enthielten, und daß diese das Absterben der Brut verursachte. Ob diese die alleinige Ursache der Faulbrut sei, oder ob letztere noch aus andern Gründen entstehe, das wissen wir nicht, weil das Wesen und die Natur der Faulbrut noch wenig bekannt ist.

Nur das kann man als feststehend betrachten, daß durch die ansteckende Faulbrut ganze Stände ruinirt werden und daß es sehr schwer ist, sie wieder auszurotten.

Dzierzon unterscheidet zwischen gutartiger und bösartiger Faulbrut und hält einen von dieser befallenen Stock für unheilbar, indem er ihn ausgeschnitten haben will, weil der Honig, Pollen, Wachsbau und selbst die Wohnung den Krankheitsstoff fortpflanzen. Von Berlepsch räth das Abschwefeln und Verbrennen der entleerten Stöcke an, behauptet aber mit Dzierzon, daß die Königinnen die Krankheit nicht weiter verbreiteten, so daß man diese, wenn man die Faulbrut im Frühjahr bis Mitte Juni vorfinde, zu Ablegern verwenden könne. In Mangel aller eigenen Erfahrungen muß ich mich weiterer Bemerkungen enthalten und glaube nur zur Verhütung der Faulbrut empfehlen zu können, daß man die Stöcke, die in der Brutzeit durch einen Zufall viel Volk verlieren, warm hält, oder sie durch andere Bienen verstärkt; daß man die Stöcke bei dem an sich verderblichen Frühjahrsschnitte nicht bis auf die Brut beschneidet, und daß man nur gesunden deutschen, nie amerikanischen, oder Haide-, oder polnischen Honig füttert. Ein Weiteres steht zur Zeit noch nicht in unsern Kräften.

Noch ist zu bemerken, daß in der Bienenzeitung von 1861, S. 136, von Heinrich Kruse als sicheres Mittel zur Heilung der Faulbrut vorgeschlagen wird, daß man die faulbrütigen Stöcke mit reinem Honig von gesunden Stöcken füttern solle, dann greife wenigstens die Krankheit nicht weiter um sich und man habe gesunde Schwärme zu erwarten. Der Buchweizenhonig wird für den passendsten erklärt. Uebrigens mischte Kruse in kälteren Tagen unter den Honig noch ganz reinen über gequetschen Kümmel abgezogenen Kornspiritus und gab hiervon 30 Stöcken 1/4 Quartier (Quart?) unter das Futter (doch wohl den Honig) vertheilt. Unter dem in Scheiben verabreichten Honig soll aber Blumenstaub (Bienenbrod) befindlich sein. Gefährlich ist das Mittel gewiß nicht und daher sehr zu wünschen, daß man es probire. Ist es probat, — dann vivat ein Kümmelschnäpschen!

### 4. Die Tollkrankheit

ist Nichts als eine Vergiftung, und zweifelhaft ist nur, ob auch die Natur selbst bisweilen das Gift bereite, oder jene nur in der Bosheit der Menschen ihren Grund habe. Ich bin mit Dönhoff (Bienenzeitung von 1856, S. 209) der letztern Ansicht, weil mehrere meiner Stöcke zu wiederholten Malen vergiftet worden sind und die Symptome ganz dieselben waren, wie Dzierzon dieselben beschrieben hat. Es fallen innerhalb der Wohnung einzelne Bienen zwischen den Waben herab, laufen den Stock hinaus, wollen abfliegen und fallen bald sofort, bald nach einigen schlangenförmigen Bewegungen in der Luft nieder, krümmen sich und geben, augenscheinlich nach vielen Schmerzen, den Geist auf. Die Vergiftung bei mir war, wie sich nach dem Tode des Thäters zufällig zeigte, durch Arsenik geschehen.

Ich bemerkte das Uebel zu spät, um den Thäter entdecken zu können, und ein Stock war ruinirt; die andern nur an Volk geschwächt. Diesen schnitt ich — es war im Herbst — die Waben, in deren Zellen der vergiftete noch flüssige Honig sich befand, heraus und ließ die Stöcke in einen Keller stellen. Nach einigen Tagen — in Folge der polizeilichen Nachforschungen und der Wachsamkeit der Bienenwirthe waren keine Wiederholungen zu befürchten — untersuchte ich die Stöcke, unter welchen ich noch todte Bienen fand, und stellte sie wieder auf ihren Stand. Keiner hatte erheblich gelitten und sie stellten sich im nächsten Jahre gut, so daß ein weiterer Nachtheil nicht zu bemerken war.

In Schlesien und Ungarn, wo viele Bienen gehalten werden, giebt es gewiß der unverständigen Bienenzüchter genug, die die Tödtung von Raubbienen für erlaubt halten. Diese Leute, die man auch hier zu Lande findet und die selbst ins Tollhaus gehörten, sind die alleinigen Stifter der Tollkrankheit; denn unter hundert Fällen kommt gewiß höchstens einer vor, wo die Tollkrankheit eine andere Ursache gehabt hat.

Der von Dzierzon mitgetheilte Fall, in welchem in ganz Schlesien alle jungen die Zellen verlassenden Bienen auf die beschriebene Art umgekommen sein sollen, steht so isolirt da, daß sich über denselben Nichts sagen läßt; unbegreiflich ist es aber, daß ein von der Natur producirtes Gift nicht den alten, sondern nur den jungen Bienen schaden sollte.

Zeigt sich bei Bienen die Tollkrankheit, so verfahre man, je eher, je lieber, auf die von mir oben beschriebene Weise und sie wird bald aufhören.

### 5. Der Fadenpilz.

Professor Leuckart hat ihn in einer Mutterbiene gefunden, die große Unregelmäßigkeit in der Eierlage zeigte, und Dr. Dönhoff entdeckte denselben auch an Arbeitsbienen. Leuckart und Dönhoff erklären ihn für eine Krankheit der Bienen und für ansteckend, und Dönhoff fand diese Krankheit unter acht Ständen, die er untersuchte, auf fünfen vor. Der Chylusmagen der Bienen scheint sein Sitz zu sein. (Vgl. Bienenzeitung von 1857, Nr. 6, und von 1859, S. 151.) Der Freiherr von Berlepsch (Handbuch, S. 151) hält denselben für keine eigentliche Krankheit, die einem Bienenstande Nachtheil bringe.

Noch weniger verdient die sogenannte Büschelkrankheit (Hörnerkrankheit) den Namen einer Krankheit. Sie besteht darin, daß die Bienen oben am Kopfe, oder auch da, wo dieser mit dem Bruststücke verbunden ist, Büschelchen (Sträußchen) von verschiedener, meist gelber Farbe haben. Sie sind keine Pilze, sondern nichts weiter als die Pollenmasse von Orchideen, welche sich durch die klebrige Basis ihres Stielchens dem Kopfe der nach Honig suchenden Insecten aufklebt. Auch beim Befliegen der Asclepiadeen soll sich jene Erscheinung zeigen. Das Alles hat Professor Dr. von Siebold in der Bienenzeitung von 1852, S. 130, nachgewiesen. Vgl. Bienenzeitung von 1860, S. 12, über die Stirnbüschel von Dr. Alefeld.

Schließlich will ich noch bemerken, daß ich darüber in Zweifel bin, ob ich die Erscheinung, daß sich in unbedeckelten Zellen hin und wieder verkehrt liegende Bienenbrut befindet, als Krankheit der Bienen aufstellen soll. Vgl. Hübler in der Bienenzeitung von 1857, S. 6; Obed in der Bienenzeitung von 1859, S. 156; Mehring, Bienenzeitung 1860, Nr. 12; Kleine, Bienenzeitung 1860, S. 171; Keding, ebend. S. 172; Mehring, Bienenzeitung 1861, S. 169. Ueber den Grund dieser Erscheinung ist man noch nicht einig. Hübler und Kleine schreiben ihn der Rangmade (der Larve der Wachsmotte), Andere, wie Brotbeck und Obed, einer krankhaften widrigen Ausdünstung der Larven in den Zellen, oder, wie Mehring, einem krankhaften Zustande des Stockes zu. Mir gehen alle Erfahrungen hierüber ab; aber aus den verschiedenen Ansichten der angeführten Bienenwirthe geht Eins unleugbar hervor, nämlich daß in volkreichen gesunden Stöcken jene Erscheinung entweder gar nicht, oder nur in so geringem Maaße vorkommt, daß sie keine Beachtung verdient. Bei den Bienenwirthen, die auf starke Stöcke halten, wird das Uebel nicht auftreten.

## III.

## Bienenfeindliche Thiere.

Zu diesen gehören folgende:

### 1. Die Maus.

Sie beunruhigt die Bienen während des Winters, so daß sie mehr als gewöhnlich zehren und sich vom Neste entfernen, wodurch viele erstarren; auch zerstört sie die Honig- und Wachstafeln. Im warmen Wetter wird sie von den Bienen todtgestochen; eine bedeutend große Maus fand ich todt auf dem Flugbrete, eine kleine Spitzmaus war auf demselben mit einem aus Wachs und Vorwachs bestehenden eiförmigen Gewölbe überzogen. Das einfachste Mittel, den Mäusen den Eingang in die Strohwohnungen zu verwehren, ist das, daß man die Fluglöcher durch Einspießen von Nägeln so verengt, daß keine Maus durchkommen kann. Daß sie sich von außen durch Strohkörbe durchgefressen, oder dieses nur versucht hätten, ist mir nie vorgekommen. Man setze die Stöcke so, daß die Mäuse nicht zu ihnen kommen können, und stelle Fallen; denn sie können große Zerstörungen anrichten.

### 2. Die Spinnen

sind dadurch gefährlich, daß sie ihre Netze in der Nähe von Bienen anlegen, und daß viele derselben darin ihren Tod finden, — auch manche zur Begattung ausfliegende Mutterbiene. Tägliches Wegkehren der Gespinste und Vertilgung der Spinnen, die am frühen Morgen das Gespinst erneuern, hilft hier allein. Weit gefährlicher sind die Feldspinnen, die die Haide durch zahllose Gewebe oft so überziehen, daß viele Bienen ihren Untergang finden. Magerstedt, Bienenvater, 3. Auflage, S. 451.

Bei uns überziehen sie die Stoppeln und schaden nicht, da die Bienen in diese nicht fliegen. Magerstedt gedenkt noch des Bienentödters (Aranea calycina L.), einer Spinne mit kugeligem blaßgelben Hinterleibe, die sich in die abgeblühten Blüthenkelche zum Fangen der Bienen und Fliegen setzen soll; sie ist mir aber völlig unbekannt und mag als Bienenfeind von keiner Bedeutung sein.

### 3. Die Wachsmotte (Bienenmotte, Phal. tinea melonella).

Eine silbergraue kleine Motte, die im Sommer die Bienenstöcke umschwärmt, in dieselben schlüpft und ihre Eier hineinlegt, aus der die Rangmaden entstehen. Es soll eine kleinere und größere Art geben. Gewöhnlich finden sich die

Maden (Würmer), wenn man einen Strohstock aufhebt, in den Fugen zwischen diesem und dem Flugbrete. Schwachen Stöcken, aber auch nur diesen, werden sie dadurch gefährlich, daß sie nach und nach das ganze Gebäude durchspinnen, wodurch dieses für die Bienen und die Brut unbrauchbar wird. Die Behauptung Dzierzon's, daß sie oft in die Bruttafeln geriethen und dann großen Schaden anrichteten, kann ich nicht bestätigen; Gefahr droht von ihnen nur dann, wenn der Stock schwach bevölkert ist und also zu viel leeren Wachsbau für sein geringes Volk hat. Ich bin hierin ganz mit dem Herrn von Berlepsch einverstanden und habe nur zweimal Ende August bei weisellosen Stöcken den ganzen Wachsbau durchsponnen gefunden, was lediglich meiner Nachlässigkeit zuzuschreiben war. Vor den warmen Tagen des Mai habe ich in unserm Thüringen keine Rangmaden bemerkt, und gute Stöcke lassen sie nie aufkommen, so daß ich sie dem tüchtigen Bienenzüchter für ungefährlich erkläre.

### 4. Der Specht.

Es giebt mehrere Arten davon; die gefährlichste ist aber der Grünspecht. Er hackt in Stroh- und Holzstöcke und beunruhigt nicht nur die Bienen im Herbste und Winter, so daß sie in ihrer Winterruhe gestört werden und viele durch Erstarrung umkommen, sondern er frißt auch die aus dem Flugloche herauskommenden. Im Sommer erscheint er fast nie, kehrt aber, wenn er einmal sein Conto gefunden, täglich wieder und ruinirt den Stock, den er sich ausersehen, gründlich.

### 5. Die Meise.

Meistens ist es die Kohlmeise, die, wenn sie kein besseres Futter in der Nähe hat, sich an Bienenstöcke macht, daran hackt und die herauskommende Biene wegnimmt. Sie setzt sich mit derselben auf einen Baum und verzehrt nur ihr Inneres, das Uebrige, namentlich den Stachel, läßt sie fallen.

### 6. Die graue Grasmücke (Fliegenschnäpper).

Diese halte ich mit Gundelach und Magerstedt unter den Vögeln für den gefährlichsten Feind der Bienen und habe sie selbst mehrfach beobachtet. Sie postirte sich auf das Dach meines Bienenhauses und fing von da im Fluge viele Bienen; auch ihr ist der Stachel derselben nicht schädlich, weil sie ihn, ehe sie die Biene verschlingt, entfernt. Gundelach hat dieserhalb genaue Beobachtungen angestellt. S. dessen Nachtrag zur Naturgeschichte der Honigbiene, 1852, S. 43.

### 7. Die Haussperlinge

sah ich häufig vor den Stöcken auf der Erde liegende ausgeworfene Brut verzehren, nach Magerstedt sollen sie indessen auch den Bienen nachtheilig sein, während der Feldsperling sich gar nicht um die Bienen bekümmert.

Ueber die Frage: ob Rothschwänze, Bachstelzen und Schwalben den Bienen nachtheilig seien, herrscht großer Streit. Nach Kaden und von Berlepsch frißt die Feuerschwalbe von jenen Vögeln die meisten Bienen, nach Gundelach gar keine, weil sie die gefangenen Insekten im Fluge verschlinge, sie sonach den Stachel nicht würde entfernen können und dieser, der sich auch nach dem Tode der Biene einbohre, sie tödten würde. Ich lasse den Streit dahingestellt sein, habe aber mit eigenen Augen gesehen, daß sowohl Schwalben als Rothschwänze auf Bienen Jagd gemacht haben, glaube indessen mit Dzierzon und von Berlepsch, daß der Schaden, den sie zufügen, nicht sehr erheblich ist und habe selbst dem obenerwähnten Fliegenschnäpper das Lebenslicht nicht ausgeblasen, was ich leicht gekonnt hätte.

### 8. Der Storch

soll ein äußerst gefährlicher Bienenfeind sein und die Bienen auf Wiesen von den Blumen, ja sogar von den Flugbretern wegnehmen und zwar in großen Massen, so daß sich in dem

Kropfe eines solchen Vogels eine Quantität von der Größe eines kleinen Nachschwarmes vorgefunden hat. Bei Arnstadt, Sondershausen und Eisenach giebt es keine Störche und ich habe in diesem Bezuge keine Erfahrungen.

### 9. Die Kröte

soll ebenfalls Bienen wegfangen; ich weiß Nichts davon und glaube auch, daß sie bei ihrer Unbeholfenheit nur wenige erbeuten wird.

### 10. Hornissen und Wespen.

Erstere tragen die Bienen fort, sind aber seltener als diese, welche nur dem Honig nachgehen und darum in die Stöcke einzudringen suchen; sie werden aber meistens von den Bienen verjagt. Starken Stöcken sind sie nie gefährlich. Früh am Morgen spazieren sie in die Wohnungen volksschwacher Stöcke, wenn diese das Flugloch noch nicht besetzt haben. Hornissen sah ich sehr selten und nur einzeln an den Bienenstöcken und suchte sie sogleich zu erlegen. Die Wespen kann man in Flaschen fangen, die man halbvoll mit Zuckerwasser gefüllt hat; ich habe aber nie zu diesem Mittel greifen müssen.

### 11. Der Todtenkopfschwärmer (Sphinx atropos).

Dieser ist in Thüringen nur in manchen Jahren häufig; in der Regel ist er selten. Auf einem Bienenstocke fing mein Sohn einmal einen solchen, der oben auf dem Drahtgitter saß und wahrscheinlich von dem Honiggeruche angelockt worden war. In meiner Kindheit wurden beim Ausackern der Kartoffeln, die die Raupe dieses Schwärmers liebt, viele Puppen desselben gefunden; ich selbst bekam deren fünf. In Ungarn soll er häufiger sein und bisweilen bedeutenden Schaden anrichten. Da muß man die Fluglöcher verengen, was sich durch Einstecken von Nägeln leicht bewirken läßt. Im

Uebrigen sind über die Schädlichkeit dieses Schwärmers die Meinungen noch getheilt. Vgl. Bienenzeitung von 1860, S. 68, 85, 107—110; Bienenzeitung von 1861, S. 80. In Deutschland kommt er als Feind der Bienen nicht in Betracht.

### 12. Der Bienenwolf (Philantus apivorus).

Er ist, wie von Berlepsch im Handbuch, S. 156, sagt, vielleicht der größte Vertilger der Bienen und eine einzeln lebende Grabwespe, der gewöhnlichen Wespe sehr ähnlich, nur durch etwas gelblichere Farbe, dickern Kopf, größere Augen und stärkere Beißzangen ausgezeichnet. Er weiß die Biene sehr geschickt von den Blumen wegzufangen, tödtet die ergriffene, während er mit ihr auf die Erde fällt, mit seinem ziemlich stumpfen Stachel, umklammert und drückt sie dann mit seinen kräftigen krallenartigen Beinen fest an seinen eigenen Leib an, so daß er mit ihr nur einen Körper zu bilden scheint, und flieht mit ihr nach seinem Bau, der in einer kleinen Höhle besteht, die in der Erde sich befindet. Von Berlepsch hat diesen Feind schon länger gekannt, niemals aber beträchtlichen Schaden von ihm bemerkt. Vgl. Dzierzon im Bienenfreunde, S. 162; Hellebusch und von Siebold in der Bienenzeitung von 1860, S. 9. Mir ist er nicht vorgekommen; Dzierzon und Hellebusch hat er großen Schaden zugefügt.

### 13. Die Larve (Raupe, Made) von Meloë variegatus.

Sie ist schwarz, sechsfüßig, 1¼ Linie lang und hält sich in der Blüthe der Esparsette auf. Der Entdecker dieses Bienenfeindes ist Köpf; von Siebold hat ihn näher untersucht und bestimmt. Bienenzeitung von 1858, S. 191—197. Die Larve dringt zwischen die Schuppen des Leibes der Bienen, da wo sich die wachsabsondernden Oeffnungen befinden, ein und die Biene büßt das Leben ein. Köpf will durch dieses Insekt wohl die Hälfte der Bevölkerung seiner Stöcke verloren haben. Auch Morbitzer in Mähren schildert sie als sehr verderblich; Bienenzeitung von 1860, S. 180. Der Freiherr von Berlepsch hat so wenig, wie ich, in der Esparsetteblüthe, die ja in unserm Thüringen die beste Honigtracht gewährt, irgend ein auffallendes Sterben unter den Bienen bemerkt und es ist ihm blos gelungen, sehr wenige Exemplare jenes Insektes aufzufinden.

## 14. Mornis albicans.

Dr. Asmus hat (s. Bienenzeitung von 1860, Nr. 20) eine zweite Fadenwurmart, mornis albicans, als Drohnenschmarotzer entdeckt, die eine wahre Epidemie bei ihm hervorgebracht haben soll.

## 15. Die Ameisen.

Schließlich gedenke ich noch der Ameisen, die weniger Feinde der Bienen, als Freunde des Honigs sind. Kräftigen Stöcken sind sie nicht gefährlich; ich habe sie überhaupt nur einzeln bemerkt, und zwar blos an den Stöcken, die auf der untersten Etage meines dreistöckigen Bienenhauses standen, also kaum 1 Fuß über dem Erdboden. In höhere Regionen haben sie sich nie verstiegen. Ein bekanntes Vertreibungsmittel derselben ist trockene Asche. Ihre Nester dulde man nicht in der Nähe des Bienenstandes, sondern gieße heißes Wasser in dieselben. Auch in den Speisekammern finden sie sich ein und sind hier fast noch üblere Gäste.

## 16. Acarus cercae,

eine Milbenart, schildert Kaden für die aufzubewahrenden leeren Wachstafeln, weil sie sich in dem etwa noch darin befindlichen Blumenmehle einniste, als gefährlich; nach Kleine soll indessen der Schaden nicht bedeutend und die Milbe durch Ausklopfen der Tafeln leicht zu entfernen sein. Bevölkerten Stöcken ist sie wohl schwerlich gefährlich. (Bienenzeitung 1861, S. 234.)

# Zweite Abtheilung.

## Von der Behandlung der Bienen oder der Bienenzucht.

---

### I.

### Einleitende Bemerkungen über die Geschichte der Bienenzucht und die Ursachen ihres Verfalls in Deutschland.

Leider läßt sich der Verfall der Bienenzucht nicht läugnen; die Hauptursache davon darf aber nicht ein Unglück genannt, sondern muß vielmehr willkommen geheißen werden; denn sie besteht in dem höchsten Flor des Landbaues. Es ist ein wahres Wort, welches Magerstedt ausspricht, wenn er sagt:

> „daß die Biene als Vorbote der Cultur auftrete, aber vor hoher Cultur zurückweiche.“

Doch ich will Späterem nicht vorgreifen, sondern zunächst beweisen, daß die Bienenzucht so in Verfall gerathen ist, daß sich der jetzige Ertrag derselben in Deutschland mit dem in früheren Zeiten nicht mehr vergleichen läßt.

Die Bienenzucht stand bei den alten Deutschen in der höchsten Blüthe und Honig und Wachs wurden in großer Menge gewonnen, in einem Ueberflusse, von dem wir uns jetzt wohl keinen Begriff mehr machen können. Für diese Behauptung spricht zunächst die Thätigkeit der Gesetzgebung in Bezug auf die Bienen, die sich bis auf die frühesten Zeiten unserer Geschichte zurückführen läßt. Schon in den Rechtssammlungen der Salier, Alemannen, Bejuvarier, der Sachsen, der Angeln, Weriner und der Angelsachsen trifft man Verordnungen, die auf die Bienen und den Schutz derselben Bezug haben, an, und nicht minder reichhaltig sind die Rechtssammlungen der Westgothen, Burgunder und Longobarden. Durch dieselben wurden nicht nur die Rechte an Bienen und den Schwärmen bestimmt, sondern auch vorzugsweise der Diebstahl mit harten Strafen bedroht. Von besonderer Beweiskraft für meine obige Behauptung sind insbesondere die Bestimmungen, welche die Bienenzucht und den Betrieb derselben selbst betreffen; denn die Natur der Sache lehrt, daß sich Rechtsnormen nur über das bilden, was nahe liegt und von besonderer Wichtigkeit für das Leben und die Bedürfnisse des Volks ist.

Die Honiggewinnung bildete bei den Germanen schon frühzeitig einen nicht unbedeutenden Erwerbszweig der Freien, den sie durch Unfreie (Zeidler, cidelarii) verwalten ließen. Das lehren die Gesetze der Gothen, Baiern und Sachsen, denn sie enthalten Bestimmungen, die die Rechte der Zidelweider und die Sicherung der Zidelweid ordnen. „Im Veldensteiner Forste arbeiteten damals besage der beiden Landsaalbücher 46 eigene Bienengärtner oder Zeidler, über die der Herzog nichts zu befehlen hat.“ Dies meldet Reubig's Chronik in Bezug auf das 13. und 14. Jahrhundert. Bienenzeitung von 1861, S. 64.

Die Waldbienenzucht ist in Deutschland die älteste und jeder Zeidler hatte seinen eigenen Bezirk im Walde. Es gab Zeidelgüter oder Zeidelhufen und auch Zeidlergesellschaften, die das Recht hatten, innerhalb gewisser Bezirke der Forsten des Grundherrn Bienenzucht zu treiben und dagegen einen Zins an Honig oder Wachs an jenen entrichten mußten.

Wie hoch der Ertrag der Bienenzucht unter den fränkischen Königen geachtet wurde, geht aus deren Capitularien hervor, welche Vorschriften über die sorgfältige Wartung der Bienen enthielten. Auf den königlichen Villen Karl's des Großen befanden sich ansehnliche Stände, die ihre besondern Wärter hatten, welche wieder unter der Aufsicht der Meier standen. Außerdem mußten noch von andern Pflichtigen bedeutende Zinsen an Honig, Wachs und Meth geliefert werden. In hoher Blüthe war später die Bienenzucht in den Wäldern bei Nürnberg, die Karl IV. „unseres Reichs Pingarten“ nennt. Da gab es sogar besondere Zeidelgesellschaften. Daß die Bienenzucht in früherer Zeit in hohem Flor stand, dafür bürgen ferner die fast überall vorkommenden Wachszinsen, die wir noch heutzutage finden und die in den Kirchenrechnungen oft ein eigenes Capitel unter den Einnahmen bilden. Sie rühren großentheils aus dem Mittelalter her, wo den mit ihnen Belasteten sogar die Erhaltung der Bienenhäuser bei Strafe geboten war. Diese Abgaben an Honig und Wachs waren zum Theil sehr bedeutend.

So viel ist klar: Deutschland muß sehr reich an Bienen, Honig und Wachs gewesen sein. Schon Plinius gedenkt großer Honigbaue, die von den Römern in Deutschland gefunden worden sind, und diese kannten gleichwohl nicht den fruchtbarsten Theil seiner Länder. Auch das läßt sich behaupten, daß zur Zeit Karl's IV. die Bienenzucht noch in gutem Schwunge war; von da ab scheint sie immer mehr zu sinken, und namentlich mit dem Aufhören der Waldbienenzucht, wo die Natur fast ohne menschliche Beihülfe spendete, als Erwerbsquelle zu versiegen. Die Hausbienenwirthschaft trat, als die Wälder in Folge der Cultur immer mehr schwanden, an ihre Stelle, aber mit sehr unsicherm Erfolg, und diese gerieth durch die Kriege unter Karl V., sowie insbesondere durch den dreißigjährigen, fast ganz Deutschland verheerenden Krieg, in den tiefsten Verfall. Leider läßt sich noch heutzutage nicht sagen, daß sie sich im Allgemeinen gehoben habe. Und dennoch haben sich die klimatischen Verhältnisse Deutschlands nicht verschlimmert; sie sind im Gegentheil durch Austrocknung von Sümpfen und Wäldern milder geworden, und Hunderte von Aposteln sind mit Schriften aufgetreten, von welchen jede eine einträgliche Bienenzucht verbürgen will!

Welches sind nun die Ursachen des Verfalls der Bienenzucht?

Die Beantwortung dieser Frage ist von der größten Wichtigkeit, denn ohne Erkenntniß der ersteren läßt sich keine Besserung hoffen. Sie sind folgende:

Erstens: Der Emporschwung der Städte und der Gewerbe, insbesondere des Handels, gegen welche der geringe Abwurf der Bienenzucht nicht mehr in Betracht kommen konnte. Ich erinnere an die Städtebündnisse, insbesondere an die Hansa, an den Reichthum, den der Handel ihnen brachte, und den dadurch beförderten Luxus, an den immer allgemeiner gewordenen Gebrauch des Zuckers, der an Brauchbarkeit den Honig weit übertrifft.

Zweitens: Das Fehdewesen und die vielen Kriege. Die Biene will eine Stätte des Friedens, sie gedeiht nicht unter Kriegsgeschrei und Schwertgeklirr. Unser Vaterland bot aber in der Zeit des sogenannten Interregnums ein Schauspiel der Verwüstung dar, wo weder das Vieh auf der Weide noch der Bienenstand vor Gewalt und Raub gesichert war. Das sind aber keine Zeiten, wo man seine Mühe der Bienenzucht widmen kann. Die Fluren Deutschlands haben leider nur zu oft das Unglück gehabt, von fremden und einheimischen Streitern zertreten zu werden. Die Zeiten der Ruhe dauerten nie lange. Die Hussiten-, die Religionskriege, einschließlich des dreißigjährigen, legen hinreichendes Zeugniß hiervon ab. Da gab es kaum Hände, um den Acker zu bestellen, geschweige denn, um die Bienen zu pflegen.

Drittens: Die Ackercultur in ihrem Fortschreiten. Diese wirkt in doppelter Beziehung hemmend auf die Bienenzucht, einmal insofern, als sie viel mehr Hände und weit größere Aufmerksamkeit erfordert, aber auch weit einträglicher ist als früher, und dann insofern, als sie die Bienen in ihrer Tracht weit mehr beeinträchtigt, als solches noch vor 50 bis 60 Jahren der Fall war.

Beide Punkte erfordern eine nähere Besprechung.

Sonst betrieb der Landmann den Ackerbau ebenso schlendrianmäßig, wie er jetzt meistentheils noch die Bienenzucht betreibt. Wüst liegende Aecker ließ er nach wie vor unbebaut liegen; er dachte nicht daran, daß sie durch Mühe und Fleiß tragbar zu machen seien; die Steine wurden von beiden Nachbarn auf die Grenze geworfen, wodurch die sogenannten Steinrutschen entstanden, die immer breiter wurden. Die Arten wurden weniger sorgfältig betrieben und die Zeit war den Landbewohnern nicht so spärlich zugemessen wie jetzt. Auch in den Städten wurden weniger Leute bei der Landwirthschaft gebraucht, während jetzt eine Menge Dorfbewohner Jahr aus, Jahr ein als Tagelöhner ihren Verdienst in den Städten haben. Bei den großen Fortschritten der Ackercultur, die auch dem Landmanne die Augen öffnen mußten, fing dieser nun aber selbst an, sich mehr zu rühren; der eigentliche Landbau, der von Jahr zu Jahr um so einträglicher wurde, jemehr Fleiß er auf denselben verwendete, nahm ihn mehr in Anspruch, und das, was er etwa erübrigte, steckte er in seine Oekonomie, anstatt sich Bienen anzuschaffen. Dazu gewahrte er, wie es nur Wenigen glückte, mit diesen vorwärts zu kommen, sah aber nicht ein, daß die Ursache davon in der verkehrten Behandlung liege, und daher griff immer mehr die Ansicht um sich, es sei mit der Bienenzucht Nichts aufzustecken; man thue besser, seine Aecker gehörig zu bewirthschaften; dabei komme eher Etwas heraus! Der wohlhabendere Theil der Landleute wandte sich daher von der Bienenzucht ab, die Unbemittelteren, die von früh bis Abends der Handarbeit nachgehen mußten, hatten bei dem verkehrten Betriebe der

Bienenzucht, der Alles schwärmen ließ, was wollte, keine Zeit zur Wartung ihrer Bienen, und so verschwand denn die Bienenzucht immer mehr auf dem Lande, wo doch eigentlich ihr Sitz und ihre Heimath sein sollte.

Noch mehr fällt aber der zweite Punkt ins Gewicht, nämlich die verminderte Honigtracht. Schon in den ökonomischen Heften von 1791, S. 289, wurden die Ursachen der Abnahme der Bienennahrung angegeben, die sich kurz dahin zusammenfassen lassen, daß sie in der Urbarmachung öder Landstriche, dem erhöhten Viehstande, besonders den vermehrten Schafheerden, der späten Wiesenbehütung und der bessern und sorgfältigern Bewirthschaftung der Aecker ihren Grund haben. Es wirken da eine Menge Ursachen zusammen, die die Erzeugung des Honigs in den Blüthen und den Reichthum der honigenden Gewächse beeinträchtigen, wobei auch in rauhen, gebirgigen Gegenden die ungünstige Witterung mit in Anschlag zu bringen ist. Auf einem Bienenstande der hochgelegenen Käfernburg bei Arnstadt fand ich eines Nachmittags zur Zeit der Rapsblüthe Bienen, alle mit gelben Höschen versehen, zu Tausenden todt auf der Erde liegen. Es war Sonnenschein, aber der Stand war dem scharfen Ostwinde ausgesetzt. Bis spät in den Mai hinein dauert in Gegenden jener Art das veränderliche, oft rauhe Wetter und so geht denn auch meistentheils die Baumblüthe für die Bienen verloren. Ueberhaupt habe ich nie wahrgenommen, daß die Bienen aus jener Honig von Bedeutung eingetragen hätten.

Die Lehden, Rasenraine und sogar die Furchen verschwinden immer mehr; der Acker wird auf das Sorgfältigste bearbeitet, kräftig gedüngt und der Same gereinigt, so daß Unkraut nicht mehr aufkommen kann, und was etwa aufkommt, wird von dem üppigen Getreide erstickt. Das Sprüchwort: ein schlechtes Erntejahr ist ein gutes Bienenjahr! ist vollkommen wahr; denn wo man statt Getreide Klatschrosen, blaue Kornblumen, Winden und namentlich den honigreichen Augentrost (Euphrasia odontites) erblickt, da kann man sicherlich auf Honig rechnen. Namentlich die letztere Pflanze ist für die Bienen die köstlichste, die es giebt; sie heißt auch Kornheide und Kleiner Wachtelweizen. Der Honig ist weiß und schön und die Höschen, die die Bienen von ihr tragen, gleichen denen aus der Lindenblüthe. Im Jahre 1838 lieferte sie mir in Arnstadt außerordentlichen Honig. Sechs Schwärme, vom 13. bis 18. Juni gefallen, in Strohwohnungen, wurden alle in die 50 Pfund schwer, der schwerste wog 58 Pfund; in Arnstadts wohlcultivirter Flur war sie aber eine äußerst seltene Erscheinung.

Weit häufiger war der Hederich, und diesen zu verbannen ist auch den Oekonomen noch nicht gelungen; aber nur selten sah ich Bienen in denselben fliegen und Honig eintragen. Ich hatte während der Blüthe desselben Stöcke auf der Brückenwage stehen, aber nur unbedeutend nahmen dieselben im Gewichte zu, so daß die Bienennahrung aus denselben kaum in Betracht kam; ein einziges Jahr ausgenommen, wo er sogar noch den Nachschwärmen ihren Ausstand gab. Das Jahr war heiß und trocken und die Sommerfrucht dünn. Der Hederich war nicht üppig erwachsen und die Sonnenstrahlen waren der Nektarbildung in den Blüthen günstig. Wächst er dagegen bei nassem Wetter in gut gedüngtem Boden üppig auf, was meistentheils der Fall ist, so honigt er nicht und man sieht keine Biene daran.

Die Wiesen verschwinden immer mehr und werden in Ackerland verwandelt, und der jetzt so häufig gebaute Luzernklee honigt fast gar nicht.

Es bleibt nur der Esper, der weiße Klee, der Buchweizen, die Lindenblüthe und die Haide übrig. Der Esper ist Alles für uns in Thüringen, und hätten wir ihn nicht, so könnten wir der Bienenzucht Valet sagen; aber auch beim Anblick der Esperfelder, die zu blühen beginnen, erwacht schon die Sorge, ob ihn die Bienen während der Paar Tage, in welchen ihn die Sense noch verschont, werden benutzen können; denn kaum ist er zur Hälfte abgeblüht, so wird er, die wenigen zu Samen bestimmten Stücke ausgenommen, abgemäht, während man ihn früher völlig abblühen ließ, und das ist wieder ein bedeutender Ausfall in der Bienennahrung, den die Neuzeit gebracht hat.

Der weiße Klee und der Buchweizen werden an vielen Orten nicht gebaut; die Lindenblüthe honigt weniger als man glaubt, und die Haide auf den Bergen und in den Wäldern ist meistentheils weit von den Bienenständen entfernt und giebt in schwerem Boden ebenfalls eine kärgliche Tracht.

Jedem Unbefangenen wird und muß sich ferner die Beobachtung aufdrängen, daß in den Zeiten, wo der Ackerbau daniederlag, Schafheerden noch eine Seltenheit waren, wo honigende Blumen auf den Wiesen, auf Rainen und in Getreidefeldern wucherten, die Bienenzucht ihr goldenes Zeitalter feierte. Es gehörte da zu ihrem Betriebe nicht viel Einsicht, höchstens etwas Geschick; die Schwärme und ihr Ausstand machten dem Bienenvater keine Sorge, und es sind mir sogar von glaubwürdigen Männern Fälle erzählt worden, wo die Bienen, in Ermangelung von leerem Raume, Honigwaben zwischen und unter die Stöcke gebaut haben. Aber diese Fülle der Honigtracht dauerte nicht lange, sie nahm ab und die Einsicht in die Nothwendigkeit einer veränderten Behandlung nahm nicht zu; diese blieb vielmehr auf dem alten Flecke stehen und die Bienenzucht sank immer mehr herab.

Daher läßt sich mit vollem Rechte behaupten, daß

Viertens die verkehrte, den spätern Trachtverhältnissen nicht mehr angemessene Behandlung der Bienen eine der Hauptursachen des Verfalls der Bienenzucht ist.

Es ist in diesem Punkte von sehr gewandten Bienenwirthen und Schriftstellern vielfach gefehlt worden und es sind ihnen große Täuschungen widerfahren.

Spitzner war der erste und scharfsinnigste, der gegen

die Magazinbienenzucht zu Felde zog; indessen redete er mehr den natürlichen Schwärmen das Wort; Knauff dagegen machte Abtreiblinge auf Abtreiblinge und zog, seine Kunst übend, von Dorf zu Dorf, von Land zu Land. Ich hatte alle diese Schriften gelesen, als mir der Himmel Bienen zuführte *), und ich nun in dem Wahne, die Sache zu verstehen, mich für die Spitzner-Knauff'sche Ansicht entschied und schweres Lehrgeld bezahlen mußte. Aber auch von den Christ'schen Kästen habe ich 24 ins Feuer geworfen, bis ich sah, daß es nicht auf die Kästen, sondern auf große Wohnungen und eine richtige Behandlung ankam. Es leuchtet ein, daß es thöricht ist, drauf und drein künstliche Schwärme zu machen, wenn die Natur denselben die Nahrung versagt. Bei diesem Streit zwischen den damaligen Autoritäten, der freilich nur selten zu den Ohren eines Landmannes kam, überließ sich die Mehrzahl der Bienenhalter dem alten Schlendrian. Die Hauptlosung war und blieb: Schwärme! Aber daß die Bienennahrung immer kärglicher wurde, daran dachte Niemand, bis die Todescandidaten im Bienenhause ihn daran erinnerten, daß er am Ende seiner Thaten sei. Dazu kam nun noch die Unwissenheit in der Naturgeschichte der Bienen, die kleinen Stöcke, die, wie mir ein Herr aus Dänemark erzählte, sich sogar bis dahin verbreitet haben, und der Aberglaube: man müsse Glück haben; sonst helfe Alles nichts.

Daß unter solchen Umständen die Bienenzucht Rückschritte und zwar große machen mußte, darf Niemand wundern;

*) Ich besaß in Arnstadt ein Haus und einen Garten, in welchem ein Gartenhaus sich befand, und dachte nicht daran, mir Bienen anzuschaffen. Das Gartenhaus hatte keine massiven Wände, sondern sie waren hohl und von außen und innen mit Bretern beschlagen. Auf einmal sehe ich, von dem Fenster desselben aus, durch ein Astloch Bienen fliegen — ein Schwarm hatte sich darin angesiedelt. Dieser war der Anfang meiner Bienenzucht.

im Gegentheil ist es ein Wunder, daß sie nicht ganz aufgehört hat zu bestehen.

Haben wir in Obigem die Ursachen des Verfalls der Bienenzucht erkannt, so wird sich nun auch ein sicheres Urtheil darüber fällen lassen, ob und wie denselben abzuhelfen ist, und das soll uns zunächst beschäftigen.

Die erste und zweite haben blos geschichtlichen Werth. Die Bienenzucht hat nicht in den Städten, sondern auf dem Lande ihren Sitz, der Bauer ist frei geworden und bildet einen eigenen Stand, im Handel findet auch der kleinste Artikel Beachtung und bei aller Concurrenz des Rohr- und Runkelrübenzuckers ist Honig und Wachs immer noch im Preise. Das Fehdewesen ist geordneten Rechtszuständen gewichen, die Kriege sind seltener geworden, werden menschlicher geführt, während die früheren Raubzügen glichen, und berühren meistens den kleinsten Theil eines Reichs.

Was die dritte Ursache der Abnahme des Betriebes der Bienenzucht anlangt, — der Mangel der erforderlichen Zeit für den Landmann, — so ist dieselbe blos eine scheinbare und erst durch einen fehlerhaften Betrieb der Bienenzucht herbeigeführte. Wer freilich seine Bienen in kleinen Körben aufstellt, sie den größten Theil des Tages über den Sonnenstrahlen aussetzt, so daß sie bei einigermaßen günstiger Tracht schwärmen müssen, der kann nicht seiner Handarbeit von früh bis Abends nachgehen, ohne sich Verlusten auszusetzen; wer aber vollends Abtreiblinge und Ableger machen will, der ist, wenn er nicht stündlich ihnen nahe ist, ein halb verlorener Mann, und wird im Herbste, bei dem regelmäßig eintretenden Mangel an Honig in den Mutterstöcken und Schwärmen, ein ganz verlorener sein. Die kopflose Schwarmbienenzucht und das maßlose Ablegermachen — hat die Bienenzucht an den Rand des Verderbens gebracht und macht sie dem vielbeschäftigten Landmanne unmöglich. Wer dagegen bedenkt, daß in vielen Gegenden die Natur nicht mehr so viel Nahrung spendet, daß Vor- und Nachschwärme ihren Ausstand finden; wer demzufolge auf große volksstarke und honigreiche Stöcke hält, denen es an Raum zum Aufspeichern von Honig nicht fehlt, wer sie im Schatten aufstellt und ihnen in heißen Tagen durch ein Luftloch Kühlung zuführt; der kann getrost am frühen Morgen an seine Arbeit gehen und erst Abends zurückkehren; es ist genug, wenn er seine Bienen bei seinem Weggange und am Abende überschaut, und es wird ihm höchstens alle Jubeljahre einmal ein Schwarm davonfliegen, er dagegen sich voller Honigtöpfe erfreuen. Bei einem solchen Verfahren kann auch der vielbeschäftigte Landmann und der arme Häusler, der seiner Arbeit nachgehen muß, mit Erfolg Bienenzucht treiben und sich eines Gewinnes aus derselben erfreuen, bei der Schwarm- und bisherigen Schlendrianbienenzucht ist ihm dieses unmöglich. Man spreche also nicht mehr, daß bei einem rationellen Betriebe der Bienenzucht der vielbeschäftigte Landmann sich ihr nicht mit Erfolg widmen könne. Man sage dieses um so weniger, da die gesteigerte Ackercultur in den meisten Gegenden der Spitzner-Knauff'schen Methode das Todesurtheil gesprochen hat. — Die aus den Fortschritten des Ackerbaues entsprungenen, oben unter 3 geschilderten Nachtheile lassen sich nicht heben; denn es kommt, so wie überall, auch bei der Landwirthschaft zunächst die Hauptsache und erst dann die Nebensache, d. h. hier die Bienenzucht, in Betracht. Darüber sage ich kein Wort weiter; denn kein Vernünftiger wird verlangen, daß der Landwirth statt Weizen Unkraut bauen solle. Aber das wird und muß sich jeder verständige Oekonom sagen, daß, wenn er nicht Futter genug für sein Vieh bekommen kann, er seinen Viehstand beschränken muß, weil sonst Jung und Alt elend wird; er wird und muß sich ferner sagen, daß, wenn er von seinem Muttervieh Junge nimmt, er es nicht gleich darauf schlachten und Talg, Fett und Speckseiten davon gewinnen kann. Das sieht der schwächste Verstand ein; nur nicht viele sich überaus klug dünkende Bienenschriftsteller. Diese Erwägung führt uns wieder zu demselben Resultate, zu dem wir bei einigem Nachdenken stets kommen müssen: wenn die Ackercultur sich so gestaltet hat, daß Mutterstöcke und Schwärme das, was sie zu ihrer selbstständigen Erhaltung brauchen, nicht mehr eintragen können, so mußt du deine Betriebsmethode ändern, die Vermehrung möglichst beschränken und auf volk- und honigreiche Stöcke halten, damit du wenigstens noch einigen Nutzen durch Gewinn von Honig und Wachs erlangst. Die Sache liegt so klar auf der Hand, daß sie jedes Kind einsehen kann; aber dennoch giebt es der falschen Apostel genug, die andere Lehren verkünden.

Da soll das Verhüten der Schwärme naturwidrig sein; da soll man sich künstliche Schwärme zu einer Zeit machen können, wo der Mutterstock und die Schwärme ihr Auskommen erhalten müssen; da soll der gesteigerte Ackerbau und die Gartenkunst wieder neue Kräuter, Gewächse und Pflanzen cultivirt haben, die das Verlorengegangene doppelt ersetzen, und nur die Unwissenheit der Züchter soll die Ursache sein, daß die Bienenzucht keinen Abwurf mehr gewährt.

Fassen wir diese Einwände näher ins Auge, so finden wir, daß, was den ersten anlangt, gar viele Stöcke nicht freiwillig schwärmen und sich so wohl dabei befinden, daß sie allein es sind, welche uns einen Honiggewinn gewähren; wir sehen ferner, daß Schwärme in honigreichen Gegenden häufig, in honigarmen dagegen in der Regel selten sind, und greifen mit Händen, daß die Schwärmeliebhaberei den Ruin der meisten Stöcke herbeigeführt hat. — Das wird dem Unbefangenen genug sein.

Der zweite Einwand ist ebenso unhaltbar; denn abgesehen von der großen Geschicklichkeit und dem Aufwande von Zeit, welchen Ableger erfordern, so sind wir bei Weitem mehr, wie bei natürlichen Schwärmen, dem Zufalle preisgegeben, indem Niemand voraussehen kann, ob die Witterung den Abtreiblingen oder Ablegern, die nicht mit dem Eifer der natürlichen Schwärme arbeiten, günstig sein werde oder nicht; in dem letztern Falle ist alle Mühe und Arbeit verloren und der Mutterstock obendrein geschwächt. Für den Landmann paßt die künstliche Vermehrung an sich schon nicht, und im Uebrigen wird von ihr unten ausführlicher die Rede sein.

Auch der dritte Einwand hält nicht Stich; denn die oben geschilderten Nachtheile einer bis auf den Gipfel gestiegenen Landcultur sind durch die neuen Kräuter und Pflanzen, die jene und die Kunstgärtnerei uns gebracht hat, nicht ausgeglichen. Man vergleiche nur den Honigreichthum von sonst und jetzt, man vergleiche nur das Ergebniß der Honigtracht in gut cultivirten Stadtfluren mit dem Ergebniß, welches schlecht bewirthschaftete Dorffluren liefern. Ich habe Gelegenheit gehabt, Vergleichungen anzustellen und ich habe sie angestellt. Obgleich Arnstadt mehrere große und rühmlich bekannte Kunstgärtnereien besitzt und die Obstanlagen, sowie ein Gürtel von mächtigen Linden, die Stadt umgeben, und obgleich große Winterrapsstücke in dessen Nähe sich befanden, stand es in der Honigtracht dennoch benachbarten Dörfern nach, in deren Fluren Klatschrosen, die blaue Kornblume und Augentrost wucherten und wo man den Esper völlig abblühen ließ, ehe man ihn hieb. Der Unterschied in der Tracht, der durch die Wage festgestellt wurde, wies das aus. Wir ließen nämlich Stöcke, nachdem der Esper um Arnstadt gehauen war, auf Dörfer, die 1¼ Stunde entfernt waren, schaffen, und wogen sie vor dem Transport und nach beendigter Honigtracht. Dasselbe geschah mit gleich guten Stöcken, die wir in Arnstadt behielten, und das Resultat war, daß die auf die Dörfer geschafften, wo fast gar keine Linden, geschweige Kunstgärten, sich befanden, 8 bis 16 Pfund mehr wogen als die unsrigen. Der Anbau von Sömmerungsfrüchten und Futterkräutern liefert keinen vollständigen Erfolg für das, was durch bessere Bewirthschaftung der Felder für die Bienen verloren gegangen ist. Aber einigen Ersatz verdanken wir gleichwohl der verbesserten Ackercultur; denn die jetzt mehr gebauten Oel- und Hülsenfrüchte und Futterkräuter, wie Winter- und Sommerraps, Erbsen, Linsen, Wicken und der weiße Klee, geben den Bienen Nahrung und in Verbindung mit dem Esper und dem Honigthau bei richtiger Behandlung in der Regel noch einen Ueberschuß über ihren Winterbedarf. Hierin liegt aber die sichere Bürgschaft, daß auch noch heutzutage die Bienenzucht selbst von dem vielbeschäftigten Landmanne mit Nutzen betrieben werden kann, wenn sie nur rationell und den Trachtverhältnissen entsprechend betrieben wird; aber daran fehlt es, wie gleich gezeigt werden soll.

Es ist wiederholt vorgeschlagen worden, honigende Gewächse und Pflanzen anzubauen und dadurch der Bienenzucht aufzuhelfen. Mit ein Paar hundert Linden, Akazien und andern ähnlichen Bäumen mehr ist aber noch nicht geholfen, und ein Paar Gärten mit Esper setzen auch nicht der Sache die Krone auf. Wenn man nicht Hunderte von Aeckern (Morgen) hierzu bestimmt, — und wer wollte einen Schinken nach einer Bratwurst werfen! — ist noch nicht geholfen; die großen Landwirthe werden aber nicht danach fragen: ob eine neue Fruchtart oder ein Futterkraut honigt oder nicht, sondern danach, ob es ihrer Wirthschaft Nutzen bringt. Derartige Projecte sind in die Luft gebaut und es bleibt nur die Möglichkeit des Zufalls übrig, daß einmal die Landwirthschaft aus ökonomischen, der Bienenzucht fremden Gründen, der letztern in die Hände arbeitet, wie es mit dem Anbau des weißen Klees hier und da der Fall ist. Auf solche ungewisse Hoffnungen darf aber der verständige Bienenwirth nicht seine Rechnung bauen.

Die Abstellung der vierten Ursache des Verfalls der Bienenzucht hängt lediglich von unserer Einsicht und sonach von unserm Willen ab; denn daß sich selbst in honigarmen

Gegenden noch gute Resultate erreichen lassen, werde ich weiter unten vollständig beweisen.

Des Hauptfehlers bei der Behandlung der Bienen habe ich schon oben unter 4 gedacht; es kommen aber noch viele und wesentliche dazu, von denen ich nur die hauptsächlichsten nennen will; denn wenn man sie kennt, so ergiebt sich auch meistentheils schon, wie ihnen abzuhelfen ist.

Der Grund von allen liegt in dem Mangel der Kenntniß der Naturgeschichte der Honigbiene; denn wer diese inne hat, der kann aus ihr allein schon eine richtige Behandlung schöpfen.

Wo siedelt sich die Biene im Naturzustande an und wo erntete man den meisten Honig? In hohlen Bäumen und bei der Waldbienenzucht. Da lebt die Biene im Schatten unter einem Laubdache von Aesten und ist in ihren Wohnungen nicht auf einen engen, kärglichen Raum beschränkt. — Wohin verweisen aber die meisten Bienenschriftsteller die Bienenwohnungen? An schattenlose Orte, daß die Sonnenstrahlen den ganzen Tag auf ihnen liegen, daß sie es vor Hitze im Stocke nicht aushalten können.

Was wissen die Landleute von dem Unterschiede von befruchteten und unbefruchteten Müttern, von dem Begattungsausfluge der jungen Mutterbienen? — Die meisten so viel wie Nichts! Und wie wichtig sind diese Dinge für das Gedeihen der Bienenzucht!

Wie viel Honig ist erforderlich zur Production eines Pfundes Wachs? Das wissen die Wenigsten und wissen deshalb nicht, daß das Wegschneiden jeder Wachswabe möglichst vermieden werden soll! — Wie verfahren aber die Stümper in der Bienenzucht? Sie schneiden nicht nur die mit leeren Wachstafeln halb voll gebauten Untersätze ganz, sondern auch den Hauptstock zur Hälfte aus, so daß der zu dem Wachsbau verwendete Honig zum zweiten und dritten Mal vergeudet werden muß, und sagen: Man muß die Bienen zum Bauen reizen! Ich habe Stöcke gesehen, die durch den Schnitt so zugerichtet waren, daß sie beim Hineinschauen so aussahen, als wäre eine schwarze Kohlrübe an den Deckel geschraubt. Das war noch das Restchen Honig und Wachsbau, das man den Bienen gelassen. Aber es hieß: „Auch das Wachs fällt in das Geld und man muß sie nöthigen, wieder zu bauen. Solche Herren, wie Sie, brauchen freilich nicht aufs Geld zu sehen, aber bei uns Bauern ist das anders!“

Wie viel braucht in ungünstigen Wintern oft ein Stock Honig und wie viel noch im Frühjahre? Das wissen die meisten Bienenhalter nicht, sondern da heißt es: Je mehr die Bienen Honig behalten, desto mehr fressen sie, und werden noch obendrein faul! Und nun werden sie halb ausgeplündert aufgestellt und dem Winter preisgegeben; zu den Stöcken aber, die den Winter noch überstanden haben, kommt der Bienenhalter mit dem Futternäpfchen geschlichen und reicht ihnen ihr nothdürftiges tägliches Brod.

Schwärme, ja Schwärmchen werden in honigarmen Gegenden noch im Juli aufgestellt, den Stöcken zur Erleichterung des Angriffs von Raubbienen bei geringer Tracht mehrere Fluglöcher und andere Lücken gelassen, und endlich wird den Hungerleidern und einigen der besten Stöcke in h o n i g a r m e n G e g e n d e n mit Schwefel ein Ende gemacht.

Ich schließe die Schilderung des Betriebes der Bienenzucht, wie sie in der Regel — denn die meisten Bienenhalter sind Stümper — betrieben wird, weil es ein zu trauriges Geschäft ist, die Thorheiten der Menschen zu schildern; aber es ist so, wie ich sage, und ich könnte der Fehler und Mißgriffe noch mehrere anführen.

Ist es da aber ein Wunder, daß die Bienenzucht in Verfall geräth, und wer, frage ich, trägt die Schuld davon? Nicht die Natur, nicht allein wenigstens der jetzige Betrieb der Landwirthschaft. Nein! die Bienenhalter, die keine Bienenväter, sondern Bienenverderber sind!

Die zuletzt gedachte Ursache des Verfalls der Bienenzucht — Unwissenheit der Imker — datirt nicht von heute und gestern, sondern sie war bei der Mehrzahl der Bienenhalter immer vorhanden; die einsichtsvollen, tüchtigen Imker bildeten immer nur die Ausnahmen. Jene Unwissenheit wurde aber verdeckt durch die überaus reiche Honigtracht und durch die Waldbienenzucht, für die besondere Bienenmeister oder doch geschickte Wärter vorhanden waren, sowie durch die größeren Wohnungen, die den Bienen in den hohlen Bäumen angewiesen waren. Die Bäume, in denen sie campirten, waren ganz andere Riesen als unsere jetzigen Zierden der Wälder, und wenn ein alter Waldbienenzeidler die kleinen Körbchen gesehen hätte, welche später und noch jetzt eine so verderbliche Rolle spielen, so würde er sie sicherlich ins Feuer geworfen haben. Mit der Abnahme der Waldbienenzucht und mit dem Beginne der Zucht in Körben — die Klotzbeuten hatten immer noch mehr Raum und die Bienen saßen den Winter hindurch wärmer darin als in den dünnen Strohwohnungen — beginnt der rasche Verfall der Bienenzucht, der Schritt für Schritt mit der bessern Cultivirung des Landes zunahm. Die Mehrzahl der Imker verkannte aber den wahren Grund des Uebels, behielt den alten Betrieb der Bienenzucht bei, und nun trat, da die Fülle der Tracht den Mißgriffen der Menschen nicht mehr das Gleichgewicht hielt, sondern eine andere Betriebsmethode durch die Verminderung der Tracht geboten war, das Unheil in seiner ganzen Größe hervor. Statt aber mit den richtigen Mitteln einzuschreiten, suchte man durch Spielereien, durch Erzeugung künstlicher Schwärme, durch neuerfundene Wohnungen aller Art zu helfen, und vergrößerte den Schaden, statt ihn zu heilen, indem man die Masse irre leitete und den Sitz des Uebels da suchte, wo er nicht zu finden war.

So lange aber nicht die Ursachen des Verfalls der Bienenzucht allgemein erkannt und gewürdigt werden, so lange wird auch nicht Rettung kommen. Darum ist eine klare Erkenntniß derselben eine der Hauptaufgaben für Jeden, dessen Streben dahin gerichtet ist, der Bienenzucht wieder aufzuhelfen, und darum hielt ich die ausführliche Darstellung der Ursachen des Verfalls der Bienenzucht für dringend geboten.

## II.

## Von den zum Betriebe der Bienenzucht geeigneten Gegenden und der Verschiedenheit derselben.

Es giebt Gegenden, die zum Betriebe der Bienenzucht durchaus nicht geeignet sind; es sind das aber nur wenige und solche, wo die Honigbiene selbst nicht anzutreffen ist, nämlich die nördlichsten und südlichsten der Erde. Sonst ist sie überall verbreitet und wo sie sich ohne menschliche Hülfe noch fortzupflanzen vermag, da läßt sich auch, freilich je nach den Gegenden bald mit größerem, bald mit geringerem ökonomischen Erfolge, Bienenzucht betreiben. Es ist das der leitende Grundsatz, von welchem aus wir zu beurtheilen haben, ob wir mit Nutzen Bienenzucht zu treiben vermögen. Ich stelle ihn deshalb an die Spitze dieses Abschnitts, weil es der honigarmen Gegenden mehr als der honigreichen in den cultivirten Ländern Europa's giebt, und weil sich in der Folge ergeben wird, daß sich nach dem geringern oder größern Honigreichthum einer Gegend der Betrieb der Bienenzucht richten muß. Es macht sich daher nöthig, die verschiedene Qualification der Gegenden näher kennen zu lernen; ich halte es aber bei ihrer unendlichen Verschiedenheit für unmöglich, sie in bestimmte Classen zu bringen, wie mehrere Schriftsteller über Bienenzucht, z. B. Balteau und nach ihm von Morlot und Magerstedt gethan haben. Diese nehmen drei Classen an; allein es wird sich schon aus der Charakterisirung derselben, die begreiflicherweise sich im Allgemeinen halten muß, ergeben, daß jede wieder ihre Abstufungen hat. Auch versteht sich von selbst, daß das, was von einer Gegend gesagt ist, sich oft auf einen kleinen Strich Landes beschränkt, der von dem Stande der Bienen aus bemessen werden muß; denn der Flugkreis derselben erstreckt sich von jenem in der Regel nicht weiter als eine halbe Stunde. Ist innerhalb desselben keine gute Tracht, so muß die Gegend als eine honigarme bezeichnet werden, wenn auch die entferntere Umgebung noch so honigreich ist. Die Honigtracht kann ferner bei mehreren gleich guten Gegenden dennoch eine verschiedene sein; denn in der einen können zufällig mehr honigende Gewächse gebaut werden als in der andern. Nässe und Dürre, Gewitter und Schlagregen, Honigthau und andere ähnliche Ereignisse begründen ferner in derselben Flur bisweilen eine auffallende Verschiedenheit in der Ergiebigkeit der Honigtracht. Von ganz besonderem Einflusse auf die letztere sind aber die klimatischen Verhältnisse, die wieder durch die Nähe oder Entfernung von Seen, Flüssen, Wäldern und Gebirgen, sowie durch die mehr nördliche oder südliche Lage des Landes, bezüglich Standortes, bedingt sind. Es ist daher keineswegs der Reichthum einer Gegend an geeigneten Pflanzen allein, der sie zu einer honigreichen macht, sondern ein wesentliches Erforderniß hierbei ist noch ein mildes, Wärme spendendes Klima, und zwar aus zwei sehr naheliegenden Gründen, einmal, weil die Blüthen nur bei warmer Witterung honigen, und zweitens, weil die Bienen bei rauhem Wetter die spärliche Tracht entweder gar nicht, oder nur mit großem Verlust an Volk benutzen können.

Die Kennzeichen, welche die verschiedenen Classen der Gegenden charakterisiren, sind, soweit sie sich bezeichnen lassen, folgende:

Zu den honigarmen Gegenden gehören die, wo sich nur bei einem rationellen Betriebe der Bienenzucht, nicht dann, wenn man die Bienen sich selbst überläßt, Nutzen von der Bienenzucht erwarten läßt. Sie bilden den Gegensatz zu den Gegenden, wo man den Bienen blos Wohnungen anzuweisen und den von ihnen und den massenweise erscheinenden Schwärmen gesammelten Vorrath ohne Mühe hinwegzunehmen hat. Solcher Gegenden dürfte es aber nur wenige in Deutschland geben! Es ist hauptsächlich das verspätete Frühjahr, es sind die rauhen Winde, das kalte und meist regnerische Wetter im Mai und oft im Juni, welches verschiedene Gegenden zu honigarmen stempelt. Eine hohe, den Winden ausgesetzte Lage, ein Kreuzen von Thälern, das den Zugwind herbeiführt, ist den Bienen nicht günstig, zumal wenn sich bedeutende Waldgebirge, auf welchen der Schnee sich lange hält, in der Nähe befinden. In Gegenden der Art wird die Tracht aus der Stachelbeere, der Corneliuskirsche, der Obstbaumblüthe und dem Winterraps meist vereitelt, wenn anders letzterer daselbst gebaut werden sollte. Das war in Arnstadt, das 8—900 Fuß über der Meeresfläche liegt, öfters der Fall, und überdies wurde die Rapsblüthe bisweilen auch noch durch Insekten zerstört. Was dann noch Tracht gewährt, das sind der Esper, die Linde und die Wiesen, und in Waldgegenden außer den letztern die Fichte und Haide. Den Esper trifft man daselbst weniger an; er ist eine wohlthätige Spende der Natur da, wo die Waldnahrung fehlt. Dagegen fehlen wieder in flachen gut cultivirten Gegenden Fichten und Haide.

Es ist rein unmöglich zu behaupten, daß eine Gegend jährlich eine zu bestimmende Quantität Honig liefere, z. B. wie Palteau behauptet, eine ausgezeichnete von jedem Stock 120—140 Pfund, eine mittlere 50—70, eine arme etwa 30 Pfund; denn die Honigernte hängt in den meisten Gegenden von Umständen ab, die sich der Berechnung des Menschen entziehen.

Am richtigsten bezeichnet man eine honigarme Gegend

dahin, daß es eine solche sei, wo man in der Regel nicht mit Sicherheit darauf rechnen kann, daß die Vorschwärme ihren Ausstand erlangen.

Eine mittlere dagegen ist die zu nennen, wo dieses in der Regel der Fall ist. Der Unterschied zwischen beiden kann oft blos darin liegen, daß hier viel Esper zu Samen gebaut wird, dort nicht, daß es hier viel Augentrost giebt, dort nicht, daß man hier weißen Klee, Buchweizen u. s. w. bestellt, dort nicht. Daraus folgt aber, daß der Unterschied zwischen beiden Gegenden nicht einmal ein permanenter, sondern gar sehr dem Zufalle preisgegeben ist.

Reiche Gegenden sind die, wo nicht blos eine Vermehrung der Stöcke durch Schwärme, sondern überdies ein Honigabwurf in der Regel mit Sicherheit zu erwarten ist. Das wird meistentheils da der Fall sein, wo sich die eine Honigtracht an die andere anschließt und wo vorzugsweise ein mildes Klima der Honigbildung in den Pflanzen und dem Fluge der Bienen günstig ist. Wo die Baumblüthe, der Raps, Kleearten, wilder Rosmarin, Buchweizen, Haide oder ähnliche honigende Pflanzen eine reichliche Tracht liefern, da ist die wahre Stätte für die Bienenzucht. Solche Gegenden kenne ich aber in Deutschland nicht, und wenn Magerstedt den deutschen Süden, wenn er Nassau, und die Residenzen mit ihren großen Kunstgärten, die Stadt Hannover und sogar das Saalthal bei Jena hierher zählt, so ist ihm unbekannt geblieben, wie wenig Erfolg die Imker im Saalthale erzielen, wie sehr die Bienenzucht im Herzogthum Nassau noch der Aufhilfe bedarf und wie im Königreich Hannover die Wanderbienenzucht den Haupterfolg herbeiführt. Wenn man aber mit seinen Stöcken wandern muß, da kann man von der Gegend, wo man seinen stabilen Bienenstand hat, nicht sagen, sie sei eine honigreiche; mit einem Wort, es schließe sich eine Honigtracht der andern an. Wahrhaft ausgezeichnete Gegenden dürften sogar in Frankreich sich nicht häufig finden, und auch in England mögen sie zu den Seltenheiten gehören. Anders verhält sich die Sache schon in den weniger cultivirten Ländern, wie z. B. in Ungarn, in Griechenland, Rußland und der Türkei. Was ist das Alles aber gegen den Honigreichthum der neuen Welt! In Cuba werden jährlich vier sehr reiche Honig- und Wachsernten und jeden Monat mehrere Schwärme von einem Stocke gewonnen! Was meldet uns unser Landsmann Fr. August Hannemann aus Rio-Pardo in Brasilien, wohin er ausgewandert ist? — Daß er jetzt erst die wahre Bienenzucht habe kennen lernen und daß gegen sie die deutsche eine wahre Treibhauspflanze sei. Zum Beweis dessen führt er an, daß er in dem ersten Jahre seines Aufenthalts in Brasilien von zwei Stöcken 28 Ausständer und von diesen im nächsten Jahre 377 Schwärme erhalten habe; — die Schwarmzeit dauert daselbst vom September bis in den März. „In Deutschland“ — ruft Hannemann aus — „lebt der Mensch, um die Bienen zu erhalten; aber hier leben die Bienen, um den Menschen zu erhalten.“ Nach einer glaubwürdigen Mittheilung aus einer andern Quelle besaß Hannemann im Jahre 1852 fast keinen Heller mehr an baarem Gelde, 1855 schon konnte er mindestens über 3000 Thaler disponiren.

Wiederholt mache ich darauf aufmerksam, daß hier, wo ein Reichthum an Blüthen und Honig vorhanden und fast ein ununterbrochener Sommer ist, die natürliche Vermehrung ins Fabelhafte geht und sich nach Hannemann's Bericht weder hemmen noch beschränken läßt, während in honigarmen Gegenden das directe Gegentheil hiervon eintritt — Mangel an Schwarmtrieb, wenn er nicht durch eine verkehrte Behandlung naturwidrig rege gemacht wird.

Soll uns nun aber — wohl ist diese Frage an ihrem Orte — nicht die Lust vergehen, Bienenzucht zu treiben, wenn wir auf den Honigreichthum jener Gegenden und auf die Honigarmuth der unserigen blicken? Wir könnten wohl auf diesen Gedanken kommen, wenn wir nicht zu erwägen hätten, daß es sich bei uns blos um einen Nebenzweig der Landwirthschaft handle und zwar um einen solchen, der uns bei einem richtigen Betriebe der Bienenzucht wenn auch einen geringen, doch einen sichern Gewinn verspricht. Dazu kommt, daß dieser Gewinn fast gar kein Betriebscapital erfordert und ohne Vernachlässignng anderer Geschäfte errungen werden kann, darum aber für den weniger bemittelten Landmann von nicht geringer Bedeutung ist. Jener läßt sich mit Bestimmtheit nachweisen und es wird hiervon in dem folgenden Abschnitte ausführlicher gehandelt werden. Aber auch erfahrungsmäßig steht ein erfreuliches Resultat fest, zumal in den Gegenden, die zur Bienenzucht geeigneter sind als die honigarmen, und wo jene als Erwerbszweig betrieben wird. So giebt es nach dem Berichte der fünfzehnten Versammlung der Landwirthe in Hannover im Hannöverschen bäuerliche Grundbesitzer, welche unbeschadet ihrer Landwirthschaft mit Hülfe eines Wärters 100—200 Stöcke halten und daraus einen bedeutenden Gewinn ziehen. Noch höher stellt sich dieser in Polen heraus, wo auf Gütern mehr als tausend Stöcke gehalten werden. Man hat hier den Gewinn einer einzigen Bienenwirthschaft von solchem Umfange jährlich auf 10,000 Thaler berechnen wollen. Eine Menge Schriftsteller, wie Christ, Rümelin, Putsche, Klopfleisch und Kürschner, Nutt und von Morlot, haben Berechnungen aufgestellt, die die Größe des jährlichen Gewinnes nach Procenten nachweisen sollen. Allein allen diesen Berechnungen fehlt es an einer festen Basis, um aus ihnen sichere Schlüsse auf einen bestimmten Ertrag der Bienenzucht ziehen zu können, schon um deswillen, weil es an einem gleichmäßig rationellen Betriebe der Bienenzucht fehlt, weil die Gegenden, aus welchen die Berechnungen kommen, sehr verschieden sind, und selbst gleiche Gegenden durch Zufälle eine oft ganz verschiedene Tracht gewähren.

Es kann und muß jedoch genügen, daß sich beweisen

läßt, daß auch in honigarmen Gegenden die Bienenzucht noch einen sichern Abwurf gewährt, wenn sie rationell betrieben wird, und daß sich unter dieser Voraussetzung der jährliche Ertrag derselben an Honig und Wachs in Deutschland mindestens um das Dreifache des jetzigen Ertrags erhöhen kann. Die letztere Behauptung ist blos die Schlußfolgerung aus der erstern, und ich werde daher diese in dem folgenden Capitel zu beweisen suchen.

## III.

## Mittel, selbst in sehr honigarmen Gegenden Bienenzucht noch mit Nutzen zu betreiben.

Man hat die Behauptung aufgestellt, daß sich da, wo der Obstbau gedeiht, auch Bienenzucht noch mit Nutzen betreiben lasse. Es ist daher für uns Thüringer von Interesse, zu erfahren, in welcher Höhe noch Obstbau mit Erfolg betrieben wird. Ich will deshalb diejenigen Orte Thüringens nennen, wo die schönsten Obstbaumpflanzungen einen reichlichen Ertrag liefern. Es sind: Ohrdruff, Arnstadt und Waltershausen 8—900 Fuß über der Meeresfläche, mit Anhöhen von 12—1400 Fuß, Plaue bei Arnstadt 1020, Schmalkalden 1229, Tambach 1429, Suhl 1385, Themar 1030, Schleusingen 1271, Hildburghausen und Meiningen 1153 Fuß. Dittrich in seinen pomologischen Schriften nimmt 1200 Fuß über dem Meere als den Höhepunkt an, wo Obstbau noch mit Nutzen betrieben werden könne; ich glaube aber, daß die Bienenzucht noch in höheren Regionen gedeiht, ja ich bin sogar hiervon überzeugt. In den Städten Ilmenau, Gehren, Langewiesen und Breitenbach, wo der Ertrag der Obstcultur nicht mehr erheblich ist, kann noch mit Erfolg Bienenzucht betrieben werden; in Großkeula, drei

Stunden über Mühlhausen auf einem hohen Plateau liegend, fand ich nur wenig Obstbau, wohl aber Bienen, die sich im September bei einer schlechten Behandlung recht gut gestellt und in der ersten Hälfte des Juni geschwärmt hatten. Diese meine Erfahrung wird durch die Beobachtung des Pfarrers Heubel in Schwarza bestätigt, welcher in dem 1904 Fuß über der Meeresfläche auf dem Thüringer Walde liegenden Orte Braunsdorf mit Nutzen Bienenzucht betreiben sah, indem daselbst 1852 bis 1853 12 Stöcke 108 Pfund Honig gaben (Bienenzeitung 1855, S. 122); dagegen schwärmen die Bienen daselbst äußerst selten.

Es sind das Alles honigarme Gegenden, aber in den Graden sind sie immer noch verschieden. Ich behaupte nun, daß selbst in solchen Gegenden, wo im Naturzustande der Bedarf der Bienen an Honig (das Consumo) das eingetragene Quantum durchschnittlich kaum erreicht, Bienenzucht auch in Stöcken mit unbeweglichem Bau noch mit Nutzen betrieben werden kann, weil uns Mittel zu Gebote stehen, noch ein Plus von Honig, also einen reinen Gewinn, zu erzielen.

Jene Mittel bestehen in folgenden:

## I.

in der Verminderung des im Naturzustande erforderlichen Aufwandes an Futterhonig (Zehrung).

### 1.

Es ist bekannt, daß die Bienen, sind sie sich selbst überlassen, von der Kälte weit mehr leiden, als wenn der Mensch für warme Wohnungen derselben sorgt, und daß sie in Folge dessen im Naturzustande weit mehr im Winter zehren als wenn sie mit Sorgfalt überwintert werden. Es kann daher das Consumo des im Naturzustande oder bei einer schlechten Ueberwinterung erforderlichen Futterhonigs (Zehrung) durch eine gute Ueberwinterung bedeutend gemindert und so ein

Plus gewonnen werden, welches selbst in sehr honigarmen Gegenden einen sichern Gewinn verheißt.

Dieses Plus steigt

2.

noch dadurch, daß wir auf Verminderung der Drohnen hinarbeiten. In Stöcken mit unbeweglichem Wabenbau geschieht dieses dadurch, daß wir in weiten Stöcken Bienenzucht treiben und dadurch das Schwärmen verhindern. Die Bienen lassen sich nämlich, worin mir auch Dzierzon (Bienenzeitung 1861, S. 66) beistimmt, an das Schwärmen gewöhnen und dessen entwöhnen; in dem letztern Falle werden aber — wie mich der Betrieb der Bienenzucht in weiten Stöcken (der Strohriesen) gelehrt hat, — weit weniger Drohnen erbrütet als in den kleinern und engern Körben, wo Mangel an Raum und Wärme den Schwarmtrieb befördern, bezüglich wach erhalten. Mit dem Schwarmtriebe geht die Drohnenbrütung Hand in Hand, denn der Instinct sagt der Biene, daß es der Drohnen zur Befruchtung der jungen Mutterbienen bedarf. (Dönhoff, Bienenzeitung 1860, S. 53.) Wo also ein Wechsel der Königin eintritt, sei es in oder außer der Schwarmzeit, da nimmt das Drohnenerzeugen bedeutend zu, während es in dem entgegengesetzten Falle weit schwächer betrieben wird, und darum ist der Betrieb der Bienenzucht in weiten Ständen ein wesentliches Mittel der Beschränkung der Drohnenerbrütung. *)

---

*) Von Berlepsch sucht in seinem Bienenbuche, S. 310, lit. c, zu beweisen, daß in meinen weiten Stöcken außerordentlich viel Drohnen erbrütet wurden, und beruft sich auf meine Naturgeschichte der Honigbiene, S. 152. Hier ist aber von einem im Jahre 1841 in Sondershausen erlebten Falle die Rede und um diese Zeit hatte ich die weiten Honigstöcke noch gar nicht, sondern blos 10—12 Zoll weite und sonach enge Strohwohnungen, die ich überdies noch magazinmäßig behandelte und denen ich regelmäßig untersetzte. Erst später gab ich diese fehlerhafte Behandlung auf.

Ein zweites Mittel ist die Vertilgung der Drohnen, die sich freilich, so lange die Honigtracht fortdauert, in Stöcken mit unbeweglichem Wabenbau nie gründlich bewerkstelligen läßt; denn das Ausschneiden der Drohnenbrutwaben oder das Köpfen derselben läßt sich, abgesehen davon, daß es nicht hilft, wenn eine fruchtbare Mutter noch im Stocke ist, bei den weiten und tiefen, überdies schweren Honigstöcken nicht bewerkstelligen und das Anlegen von Drohnenfallen stört die Bienen in dem Fluge während der Trachtzeit; es kann auch bisweilen, wenn der Stock die Königin wechselt, die junge zur Begattung ausfliegende Mutterbiene durch die Drohnenfalle irre gemacht werden und verloren gehen; endlich verstopfen auch nicht selten die Drohnen, die in Folge der Falle nicht wieder in den Stock gelangen können, die für die Arbeitsbienen bestimmte Passage, so daß der Stock ersticken kann, indem der Eingang von ihnen und den Arbeitern gleichsam verkeilt wird. Das kommt bisweilen sogar zur Zeit der Drohnenschlacht, ohne daß eine Falle angelegt ist, vor. Ich habe mich daher nie einer Falle bedient und rathe Niemand dazu. Bei den weiten Honigriesen kommt das, was die Drohnen an Honig verzehren, nicht in Betracht; die Vorschwärme haben sehr wenig Drohnen, und bei den Stöcken, die geschwärmt haben, vertilge ich sie auf die Weise, daß ich jene drei bis vier Wochen nach Abgang des Vorschwarms am frühen Morgen in die Höhe hebe, wo das Flugbret mit den Drohnen gleichsam gepflastert ist. Sie werden abgekehrt und ersäuft.

Die Drohnenfallen, wie sie von von Morlot S. 171 und Andern beschrieben werden, wonach vier Löcher in dem Flugloche mit kleinen beweglichen Blechklappen versehen sind, durch die die Drohnen zwar heraus, aber nicht wieder in den Stock kommen können, nutzen Nichts, da diese Oeffnungen durch Drohnen und Bienen sich leicht verstopfen. Besser dagegen ist die von Czerny in der Bienenzeitung von 1860,

S. 61, empfohlene Falle. Er legt an das erste Flugloch ein zweites aus Blech verfertigtes, das so eingerichtet ist, daß die eine Hälfte blos die Arbeitsbienen, die andere Hälfte aber, an die eine zwei Zoll lange Röhre befestigt ist, auch die Drohnen herausläßt, die aber diese Röhre nicht wiederfinden und deshalb außerhalb des Stockes bleiben müssen. Noch besser ist es, wenn man um diese Röhre ein einem Sacke ähnliches Geflecht von Draht anbringt, das so eng ist, daß blos die Arbeitsbienen, nicht aber die Drohnen, durchkommen können. Diese sind nun in demselben, da sie die Röhre nicht wiederfinden, gefangen und können das für die Bienen bestimmte Flugloch nicht verstopfen. Die Drähte müssen 8 Linien von einander abstehen. Die Beschreibung dieser Drohnenfalle folgt hier (Fig. 7).

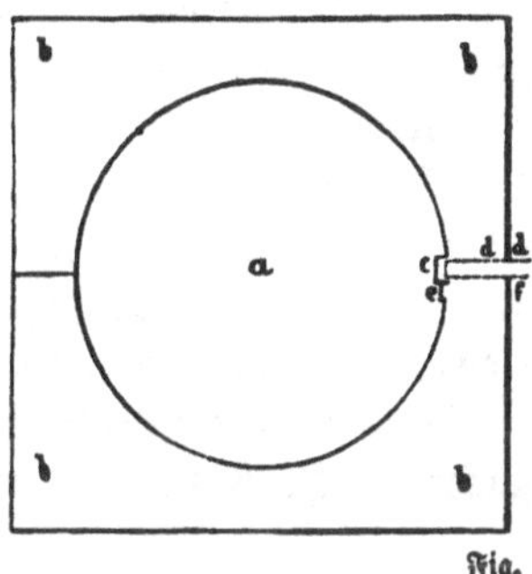

Fig. 7.

a ist der Stock, b b das Flugbret, auf dem er steht, c der weitere Theil des Flugloches, durch den die Drohnen auspassiren müssen, d d die Röhre, durch die sie gehen müssen und die 1—2 Zoll über das Flugbret hervorspringt, e ist der niedrige Theil des Flugloches, durch den nur Arbeitsbienen passiren können. Bei f schiebt man über die Röhre den von Draht gemachten Fang oder Käfig, der viereckig oder rund sein kann und oben eine Weite von 4 Zoll im Durchmesser und eine Länge von 8—10 Zoll halten muß. Die

Drähte müssen so weit auseinander stehen, daß keine Drohnen, wohl aber Bienen durchkommen können, also 8 Linien. Figur B stellt den Käfig dar, dessen Hals so unter das Flugbret herabgehen muß, daß er den Flug der Arbeiter nicht hemmt, weshalb die Röhre dd auch seitwärts gekrümmt sein kann. Hat man eine Anzahl Drohnen gefangen, so nimmt man ihn ab und schüttelt sie heraus in ein Gefäß mit Wasser, worauf man sie tödtet.

Einen ähnlichen, nur complicirteren Drohnenfang beschreibt Unhoch in seiner Anleitung zur Kenntniß und Behandlung der Bienen, Heft III (München 1825), S. 94.

## II.

Ein zweites Mittel, selbst in sehr honigarmen Gegenden einen Ertrag zu erzielen, besteht in der Herstellung starker Völker zur Zeit der besten Honigtracht.

Es ist ausgemacht, aber noch lange nicht gehörig gewürdigt, daß ein starkes Volk bei guter Honigtracht nicht einmal, nein drei- bis zehnmal so viel täglich einträgt als ein mittelmäßiges oder schwaches, und eben so gewiß ist, daß es in der Macht eines verständigen Bienenwirths steht, seine Völker zur Zeit des Beginnes der Haupttracht in voller Stärke herzustellen.

So lange ich Bienenzucht in sehr honigarmen Gegenden betrieben habe und habe betreiben sehen, ist mir selbst in schlechten Jahrgängen der Fall nicht vorgekommen, wo ein starker Stock, der nicht geschwärmt hatte, nicht noch einen kleinen Ueberschuß über seinen Jahresbedarf eingetragen hätte. Mit abgeschwärmten Mutterstöcken und vollends mit Schwärmen verhielt es sich aber gerade entgegengesetzt; denn ich habe Jahre erlebt, wo Vorschwärme im September dem Hungertode nahe waren. Praktisch verstand ich, obgleich ich viele Bienenschriften gelesen hatte, von der Bienenzucht gar

Nichts, und erst durch Erfahrung, durch bittere und kostspielige Erfahrung kam ich dahinter, wie nachtheilig das Schwärmen in honigarmen Gegenden in der Regel ist. Ausnahmen kommen zwar vor, aber sie sind äußerst selten. Honigarme Gegenden haben die Eigenthümlichkeit, daß sie nur eine einigermaßen beträchtliche Trachtzeit im Jahre darbieten. Ist das Frühjahr nun einmal ausnahmsweise mild und lechzet der Anfänger nach Schwärmen — eine ihm eigenthümliche und verzeihliche Schwäche, denn wer will nicht gern die Häupter seiner Lieben vermehrt sehen? — so erweitert er nicht die Wohnungen seiner Bienen zur rechten Zeit, sondern er arbeitet auf Schwärme hin, d. h. er füttert und verengt ihre Wohnungen und befördert dadurch das Schwärmen. Aber häufig wird seine Hoffnung dennoch getäuscht, das Vorliegen dauert noch wochenlang fort, ohne daß die Bienen schwärmen, und sie können dann nicht einmal die Tracht gehörig benutzen. Indessen seine Hoffnung geht doch auch öfters in Erfüllung, und mit freudigem Herzen sieht er neue Colonien entstehen. Da schlägt das Wetter um, der Nectar verschwindet aus den Blüthen; die wenigen Tage, in welchen honigende Pflanzen noch Ausbeute geben konnten, vergehen unter Regen und Wind und der Bienenwirth steht vor geschwächten Mutterstöcken, die ihren Ausstand kaum zur Hälfte haben, und vor Schwärmen, die dem Hungertode nahe sind. Nur noch auf einigen Stöcken, die nicht geschwärmt haben, ruht mit Wohlgefallen sein Blick; sie sind schwer und können zur Erhaltung der andern speisebedürftigen Etwas abgeben. Aber das ist ein Brosamen für so viele hungrige Häupter und zunächst ist zu untersuchen, welche der armen Hungerleider der selbstständigen Erhaltung werth sind. Was findet sich da? Die Schwärme haben ihre Wohnungen kaum zur Hälfte ausgebaut und sie müssen mit andern Stöcken vereinigt werden; mit Verlust an Geld und Arbeit ist der früher so hoffnungsvolle Bienenwirth gerade wieder auf dem Punkte, auf dem er früher war, und von einer Honigernte ist nimmermehr die Rede; aber auch nicht, und das ist das Schlimmste, von honig- und volkreichen Stöcken im nächsten Frühjahr. Nicht ein sondern mehrere Male habe ich diese Erfahrung selbst gemacht und ich muß derselben um so mehr gedenken, da man gar oft das, was man selbst verschuldet hat, der Gegend zur Last legt. Denn warum hatten denn meine starken Stöcke, die nicht schwärmten, einen Ueberschuß an Honig, und einen Volksreichthum im nächsten Frühjahre, wie er nur zu wünschen war?

Es ist ein Erfahrungssatz, daß es selbst in sehr honigarmen Gegenden, wie kurz in denselben auch die Tracht sei, Perioden giebt, wo diese so reichlich ist, daß ein volkreicher Stock in einem Tage mehrere Pfund Honig einzutragen vermag, wenn er genug leeres Zellenwachs hat. Dadurch, daß ich zur Zeit dieser Periode bereits im Besitze volkreicher, genug leeren Wabenbau enthaltender Stöcke war, und dadurch, daß die Bienen nicht unnütz vorlagen, sondern mit Macht Honig eintrugen, erlangte ich wahrhaft erstaunenswerthe Resultate, indem in dem Zeitraume von einer Woche die einzelnen Stöcke um 30—40 Pfund im Gewicht zunahmen; ja ich habe mit Andern Fälle beobachtet, wo die tägliche Gewichtzunahme 13—18 Pfund bei einzelnen Stöcken betrug, während die meisten Bienenzüchter meines Ortes schlechte Geschäfte machten, weil ihre Bienen zur Zeit der Haupttracht noch nicht das nöthige Volk hatten, um jene gehörig zu benutzen und sie überdies den theilweise ausgeschnittenen Wachsbau wieder ergänzen mußten. Je kärglicher anfangs die Tracht ist, desto mächtiger, aber auch desto kürzer tritt sie dann später auf.

Aus dem Gesagten ergeben sich mehrere zum Theil schon angedeutete wichtige Regeln für den Betrieb der Bienenzucht in honigarmen Gegenden.

1.

Man schneide nie leeren Wabenbau aus einem Bienenstocke und hebe den Bau aus cassirten Stöcken sorgfältig auf; denn durch das Bauen neuer Wachstafeln geht für die Bienen Zeit verloren, die sie zum Eintragen von Honig besser benutzen können, und dann erfordert die Wachsproduction viel Honig, was schon oben im ersten Abschnitte bemerkt wurde. Dieses bedeutende Consumo wird erspart, wenn wir den Bienen keine leere Wachstafel ausschneiden und überdies zur Zeit der Haupttracht bebaute Behälter haben, die wir den Bienen als An- oder Aufsätze geben; denn dann brauchen sie nicht erst Wachstafeln zu bauen, sondern können den Honig in das schon vorhandene leere Wachsgebäude eintragen.

Es ist hier vor Allem warnend des verderblichen Frühjahrschnittes zu gedenken, den Manche sogar recht scharf, das heißt so ausgeführt haben wollen, daß am Deckel des Ständers nur noch ein Stück mit Bienen überzogenes Honig- und Wachsgebäude bleibt. Daß dieses Verfahren in honigarmen, meistens rauheren Gegenden der Todtschlag für die Bienenzucht ist, sieht jeder Unbefangene ein, da es im April noch an Tracht fehlt und die Bienen den Honig, den sie noch haben, zu Wachsbau verwenden und auch noch Brut füttern müssen, wobei durch die nothwendigen und darum oft unzeitigen Ausflüge viele Bienen obendrein verloren gehen. Bleibt dagegen jede Wachstafel unversehrt, so widmen sich die in ihrer Oekonomie nicht gestörten Bienen emsig dem Brutgeschäft, erleiden keinen Abgang an Volk und stehen beim Beginn der ersten Tracht volksstark da. Bei weitem die meisten Bienenzüchter sind gegen den sogenannten Frühjahrsschnitt und wollen nur Waben, die stark verschimmelt sind, weggenommen wissen; von Berlepsch hat in seinem Bienenbuche, S. 331, die Schädlichkeit desselben auf 9 Seiten fast mathematisch nachgewiesen. Die Frage ist erst in neuerer Zeit wiederholt in der Bienenzeitung besprochen worden (vgl. Bienenzeitung von 1860, S. 103, 148, 160, 175—188, 196, 216, und Bienenzeitung von 1861, S. 36, 55, 69, 89, 129 und 154). Gegen die den scharfen Schnitt vertheidigenden Scholz und Köhler ist hauptsächlich Wernz aufgetreten, und endlich hat auch Dzierzon (Bienenzeitung 1861, S. 90) mir gegenüber zugeben müssen, daß der scharfe Schnitt nur unter günstigen Verhältnissen die besprochene günstige Wirkung haben werde, nämlich wenn die Völker stark, noch mit Vorrath versehen sind und bereits günstiges Wetter eingetreten ist und auch ferner zu erwarten steht. Das ist ja aber eben in den rauheren honigarmen Gegenden der Haken, an welchem die flotten Schneider baumeln, ehe sie sich dessen versehen. Das Gefährliche und Verführerische ist gerade, daß das Kunststück bisweilen gelingt, aber unter zehn Malen höchstens ein Mal. Vieljährige Erfahrungen in Arnstadt haben mir die unumstößlichsten Beweise hierfür geliefert.

2.

Eine zweite Lehre ist die, daß wir in honigarmen Gegenden auf honigreiche Stöcke halten müssen. In einem Stocke, der Mangel an Honig hat, wird das Brutgeschäft nie kräftig betrieben werden und er wird bei Beginn der Honigtracht immer noch volksschwach sein; das lehrt eine unwiderlegbare Erfahrung. Es muß daher jedem Volke nicht nur der absolut nothwendige Winterbedarf an Honig gelassen werden, sondern doppelt so viel als es bedarf, also statt 20 Pfund Nettogewicht an Honig 40 Pfund. Dieser Ueberschuß geht uns nicht verloren, sondern er bleibt uns bei einem guten Honigjahre, während er bei einem schlechten die Stöcke gegen die ungünstigsten Witterungseinflüsse schützt und sie honig- und volkreich erhält, so daß sie dann die kurze Honigtracht mit Macht benutzen können. Wir haben dann lauter Kraftstöcke, von denen jeder in einem Tage so viel einträgt als 10 Schwächlinge zusammen. Es ist das einer der wichtigsten Punkte beim Betriebe der Bienenzucht in honigarmen Gegenden; denn wer zur Nothfütterung schreiten muß, dessen Bienen sind schon halb verloren, und an Riesenstöcke ist da nicht zu denken.

3.

Eine dritte Lehre ist die, daß wir das Schwärmen der Bienen beschränken, ja sogar verhindern müssen, sobald wir auf eine Normalzahl von Honigstöcken gelangt sind; denn das ungezügelte Schwärmen ist der Todtschlag der Bienenzucht in honigarmen Gegenden. (Dzierzon in der Bienenzeitung von 1861, S. 65.) Nachschwärme sind nie zu dulden; denn was man sonst an Honig erntet, muß man den hungernden Mutterstöcken und Nachschwärmen wieder darreichen, oder man muß zur Vereinigung schreiten und hat sonach viel Arbeit, aber keinen Honig. Unabweichbare Regel muß es sein, einen Stock, sobald er den Vorschwarm gegeben hat, mit diesem zu verstellen, so daß der Mutterstock einen neuen Platz erhält. Dann unterbleibt das Nachschwärmen und beide, Mutter und Kind, gedeihen vortrefflich.

III.

Das dritte Mittel, welches uns in honigarmen Gegenden einen sichern Gewinn verheißt, ist die sogenannte Wanderbienenzucht, d. h. das Transportiren der Bienenvölker auf bessere Weiden. Ich erinnere hier an das oben im ersten Abschnitte Gesagte, woraus hervorgeht, daß oft die Entfernung von einer Stunde einen Unterschied zwischen reicher und schlechter Tracht bedingt. Wie leicht sind aber oft die Bienen an einen solchen Ort und wieder zurück geschafft!

Durch Anwendung aller dieser Mittel wird und muß es uns gelingen, selbst in sehr honigarmen Gegenden einen sichern

Gewinn aus der Bienenzucht zu erzielen. Ich habe mich hiervon durch fortgesetzte Beobachtungen auf den verschiedensten Ständen überzeugt, und zwar auch in den Jahren, wo ich mir selbst Bienen nicht halten konnte. Ich fand überall die Mutterstöcke in Folge des Schwärmens sammt den Schwärmen, die sie gegeben, meistentheils in jämmerlichem Zustande, während diejenigen Stöcke, die gut überwintert waren und nicht geschwärmt hatten, einen Honiggewinn lieferten. Das war selbst in den schlechteren Jahrgängen der Fall und rechtfertigt den Schluß, daß auch in sehr honigarmen Gegenden Bienenzucht noch mit Erfolg betrieben werden kann. Die schlechtesten Gegenden, die ich habe kennen lernen, sind, was die Bienenzucht anlangt, Sondershausen nnd Eisenach, und dennoch stellten sich starke Stöcke, die nicht geschwärmt hatten, meistens auf ein Uebergewicht über den Bedarf. Beiden fehlt die Panacee der Bienen, der Esper. Die Blüthe der Obstbäume gewährt bei der meist rauhen Witterung wenig Honig und es bleibt für Eisenach nur noch die Heidelbeer- und Haideblüthe übrig; beide sind aber nach den von mir gemachten Beobachtungen auch nicht von besonderm Belang. Warum werden da, möchte man fragen, dennoch starke Stöcke gut? Es ist das in der That oft schwer zu erklären; aber es ist so, und es ist gut, daß es so ist. Es giebt so manche honigende Blüthe und Blume, die nicht in die Augen fällt; es giebt den sogenannten Honigthau und es beweiset jene durch die Erfahrung bestätigte Erscheinung, daß der Natur mehr Mittel zur Erreichung ihrer Zwecke zu Gebote stehen, als wir zu begreifen vermögen.

Das Resultat dieser Erörterungen ist, daß sich erfahrungsgemäß selbst in sehr honigarmen Gegenden noch Bienenzucht mit Nutzen betreiben läßt.

# IV.

## Die derzeitigen Betriebsweisen der Bienenzucht.

Glaube ich in dem Vorhergehenden gezeigt zu haben, daß selbst in sehr honigarmen Gegenden Bienenzucht mit Erfolg, d. h. mit Abwurf eines Gewinnes, betrieben werden kann, so ist nun die Aufgabe zu lösen, wie dieses zu bewerkstelligen sei und sonach auch den Unbemittelteren, namentlich den Landleuten, durch die Bienenzucht eine Erwerbsquelle eröffnet werden kann.

„Nichts ist leichter als das", werden Viele rufen und haben es schon gerufen. „Durch Anschaffung italienischer Bienen und Dzierzonwohnungen! Denn jene haben eine Menge Vorzüge vor unsern einheimischen Bienen, und letztere gewähren so eminente Vortheile, daß die Stöcke mit unbeweglichem Wabenbau dagegen gänzlich in den Hintergrund treten." Dieses Thema ist so vielfältig in der Bienenzeitung verhandelt worden, daß Niemand mehr daran zweifeln sollte, daß nur italienische Bienen und Stöcke mit beweglichem Wabenbau das Heil der Bienenzucht bedingen.

Und dennoch muß ich dieser Anschauung entschieden entgegentreten; denn was

1) die italienische Bienenrace anlangt, so urtheilt einer unserer größten deutschen Bienenwirthe, der Freiherr von Berlepsch auf Seebach, dahin, daß die Vorzüge der italienischen Biene vor der einheimischen kaum in Betracht kommen (dessen neues Werk, S. 197—218); alle ihre Verehrer sind aber darin einverstanden, daß die Race nur sehr schwer rein zu erhalten sei. Selbst Dzierzon, Wernz und Kleine geben zu, daß sie bei Mischpaarungen ausarte; wie schwer, wie überaus schwer lassen sich diese aber verhüten?! Und dann kommt

2) noch ein wichtiger Punkt, nämlich der Finanzpunkt, hinzu. Ich weiß nicht, zu welchem Preise man jetzt eine italienische Mutterbiene mit etlichen hundert Bienen kauft

— vor etlichen Jahren betrug derselbe 10 Thaler für das Stück —, aber das weiß ich, daß das Geld nicht selten, wenn die Vereinigung mit andern einheimischen Bienen verunglückt, und das ist selbst bei gewürfelten Bienenwirthen oft der Fall *), zum Fenster hinausgeworfen ist und daß ein guter italienischer Bienenstock mit beweglichem Wabenbau gewiß zwei- bis dreimal so viel kostet als ein guter volkreicher Strohstock mit einheimischen Bienen. Einen solchen kauft man hier zu Lande im Frühjahr für 5—6 Thaler, während jener mindestens 15 Thaler kosten würde. **)

Ganz dasselbe finanzielle Hinderniß steht den Wohnungen mit beweglichem Wabenbau überhaupt entgegen, mögen sie reine Dzierzons, oder von Berlepsche, oder Zwitterstöcke, oder Oettel'sche Strohprinzen sein. Unter 4—5 Thaler läßt sich eine solche Wohnung nicht beziehen. Von Bienenpavillons, die zwischen 200 und 800 Thaler kosten, rede ich natürlich nicht, denn diese können nur das Eigenthum begüterter Bienenliebhaber sein. Der Betrieb der Bienenzucht in Wohnungen mit beweglichem Bau kostet also, ganz abgesehen von der italienischen Bevölkerung, noch einmal so viel als der in theilbaren Strohwohnungen mit unbeweglichem Bau, und darum muß bei jenen das Betriebskapital noch einmal so groß sein als bei diesen. Gäbe dasselbe nun auch der Größe entsprechende Zinsen, so ließe sich immer Nichts einwenden; allein das ist bei einer gleich rationellen Behandlung der Bienen in theilbaren Strohwohnungen nicht der

---

*) Herr Hofapotheker Hübler in Altenburg büßte auf diese Weise 10 italienische Mütter, also 100 Thaler, ein, hat aber später ein Mittel entdeckt, durch das man das Zusetzen fremder Königinnen ohne alle Gefahr vornehmen kann. (S. den Abschnitt von der Weisellosigkeit.)

**) Bei Lorenz in Erfurt kostet eine einfache Wohnung allein 5 Thaler, ein italienisches Völkchen 5 Thaler, ein starkes Volk 10 Thaler, macht mit Wohnung 15 Thaler. (Illustrirte Zeitung vom 3. August 1861, S. 91.)

Fall, und dann wird das Betriebskapital in Stöcken mit beweglichem Wabenbau auch noch dadurch gesteigert, daß diese nicht so lange halten wie Strohwohnungen. Schon der Finanzpunkt, den der weniger Bemittelte so sehr ins Auge faßt und fassen muß, steht der allgemeinen Einführung so kostspieliger Bienenwohnungen principiell entgegen; es ist aber auch ferner sehr wahr, was der Freiherr von Berlepsch in der Vorrede seines Werkes, S. X, sagt:

> „daß der Stock mit beweglichen Waben stets der Stock der intelligenten Imker bleiben und daher niemals allgemein werden werde."

Hinzufügen muß ich noch, daß Intelligenz nicht hinreicht, sondern daß es auch intelligente Leute giebt, welchen es an der mechanischen Geschicklichkeit und auch oft an der Zeit fehlt, um die Stöcke mit beweglichen Waben so zu behandeln, wie sie behandelt werden müssen, um einen größern Nutzen aus ihnen als aus andern Stöcken zu ziehen. Sollen jene darum in der Bienenzucht feiern? Ist es besser, gar keinen, als einen mäßigen Gewinn zu haben? Soll ein einfacher und wohlfeiler Betrieb der Bienenzucht darum verbannt werden, weil er nicht den höhern Ertrag giebt, den ein weit theurerer und complicirterer nur einzelnen Begabteren und Begüterteren gewährt? Das wird gewiß Niemand bejahen wollen, wenn bewiesen werden kann, daß auf jenem Wege immer noch ein erklecklicher Gewinn erzielt werden kann!

Der Stock mit beweglichen Waben ist allerdings derjenige, mit welchem der größtmögliche Ertrag erzielt werden kann, aber Alles kommt auf die Behandlung an, denn auch in Wohnungen jener Art kann die erbärmlichste Stümperei betrieben werden, wie ich mehrfach gesehen habe. Wahr ist's, man kann in ihnen das Schwärmen befördern und verhindern, man kann auf die leichteste Weise Ableger machen, aber immer ist und bleibt die Behandlung die Hauptsache und diese muß sich nach der Gegend richten.

Fragen wir nun nach den zeitherigen Betriebsweisen, so läßt sich nicht viel Erbauliches sagen.

Ich habe auf dieselben schon im ersten Abschnitte hingedeutet. Es war und ist noch heute kein System darin. Am consequentesten ist sich die Behandlung in den Haidegegenden geblieben, wo sich oft eine Tracht an die andere anschließt. Hier vermehren sich die Stöcke oft um das Dreifache, Vierfache und darüber, und man läßt schwärmen, was schwärmen will. Jeder Imker hält eine bestimmte Anzahl Zuchtstöcke (Leibimmen) und im Herbste schwefelt er, nachdem er sich die geeignetsten Stöcke zur Ueberwinterung ausgesucht hat, alle andern ab. Der Honig sammt einer Menge Blumenstaub und todter Bienen wird in Fässer gestampft und man erhält oft eine Schmiere, die schwarz wie Theer aussieht, wenn man sich sogenannten Haidehonig kommen läßt. Ich erstaunte, als ich mir einmal solchen in meinen Anfängerjahren das Pfund zu 2 gGr. 10 Pf. kommen ließ, denn es blieb mir Nichts übrig, als denselben von einem Apotheker reinigen zu lassen; der ausgeschiedene Unrath war aber so überwiegend, daß ich nicht die Hälfte des Gewichts mehr hatte und mir nun das Pfund auf 6—7 gGr. zu stehen kam. Man geht in jenen Gegenden von der Ansicht aus, daß mehrere Bienenvölker bei Weitem mehr Honig und Wachs eintrügen als ein einziges starkes Volk, und ich habe mich früher selbst zu dieser Ansicht bekannt; ich glaube aber jetzt dennoch, daß ein reeller Vortheil bei jener in den Haidegegenden allgemein üblichen Methode nicht resultirt. Erwägt man nämlich die Mühe und Arbeit, die das Einfangen der Schwärme und das Abschwefeln und Ausbrechen der Körbe verursacht, wirft man demnächst einen Blick auf die schreckliche Schmiere, die man Haidehonig zu nennen beliebt, die aber diesen Namen nimmer verdient, und überhört man das Wehegeschrei nicht, das in gar manchen Jahren aus den Haidegegenden in der Bienenzeitung zu uns herüber getönt hat, so täuscht man sich gewiß nicht, wenn man annimmt, es stehe mit dem Erfolge jenes schlendrianmäßigen Betriebes der Bienenzucht nichts weniger als gut. Ich glaube dem Herrn von Berlepsch aufs Wort, daß er mit 100 Dzierzonstöcken, ohne eine Biene abzuschwefeln, weit mehr Honig ernten würde als sein Nachbar mit 100 Strohkörben, aber ich bezweifle, daß ein Haidebienenzüchter für 100 leere Wohnungen 4—500 Thaler ausgeben wird. Ich glaube sogar auch, daß ich nach meiner Betriebsweise bei einer gleichen Anzahl Stöcke immer noch ein besseres Resultat erzielen würde als die Imker, die nach ihrem Schlendrian verfahren. Indessen wird es noch lange dauern, ehe man dort zu einer bessern Einsicht gelangt, und bis dahin ist es ganz vergeblich, gegen das Abschwefeln der Bienen zu eifern. Es ist dieses Kapitel schon vielfach zur Sprache gekommen und namentlich empfahl Knauff die Herbstvereinigung der Bienen als Auskunftsmittel. So sehr nun — sagte ich schon an einem andern Orte im Jahre 1853 — der Vorschlag den Herzen derer, die ihn gemacht haben, zum Lobe gereicht, so ist er doch, betrachtet man die Sache mit unbefangenem Auge, unausführbar. Denn wie ist es möglich, daß derjenige, welcher seinen Zuschnitt auf 12 oder 24 zu überwinternde Stöcke (Leibimmen) gemacht hat, die sich um das Drei- und Vierfache in einem Sommer vermehrt haben, in jedem Stocke eine drei- bis vierfache Bevölkerung unterbringen kann, und wie viel mehr würde diese von dem vorhandenen Honigvorrathe verzehren?

„Das würde etwas Schönes werden“, ruft von Berlepsch in seinem Handbuche, S. 448, aus. Uebrigens will der Oberamtmann Dr. K. A. Rambohr *) durch vergleichende Versuche festgestellt haben, daß das Abschwefeln der

---

*) Die einträglichste und einfachste Art der Bienenzucht. Berlin 1833.

Vereinigung vorzuziehen sei, indem sich die durch Vereinigung verstärkten Völker durchschnittlich weniger gut gestellt hätten als die nicht verstärkten.

Man unterschied die Magazin- und die Schwarmbienenzucht. Die Vertreter der erstern waren Ramdohr und Christ, die der letztern Spitzner und Knauff. Von da an bis zur neuesten Zeit blieben die Lager getheilt; denn die Schwarmbienenzüchter erhielten einen mächtigen Succurs an dem Freiherrn von Ehrenfels. Die Schrift des Letztern blendete um so mehr, da er aus Erfahrung sprach, für die Bienenzucht hoch begeistert war und sie auf dem größten bisher dagewesenen Fuße betrieb. Er hatte mehrere Stände von je 150 Stöcken und bestellte wüste liegende Gutscomplexe mit Esparsette, um jene zu cultiviren und zugleich mächtige Honigernten zu erzielen. Er war ein abgesagter Feind des Ablegermachens und huldigte der Schwarmbienenzucht, indem er im Herbste die Stöcke wieder auf die Normalzahl des ganzen Standes durch Vereinigung zurückführte. Bei der vortrefflichen Tracht, die seine Bienen hatten, hätte er aber sicherlich größere Resultate erlangt, wenn er nicht jene ziellos hätte schwärmen lassen; denn es gilt hier ganz dasselbe, was oben über die maßlose Herbstvereinigung gesagt ist: also viele nutzlose Arbeit beim Einfangen der Schwärme, ebenso viel und noch mehr beim Vereinigen und — wenig Honig!

Das sahen Viele ein und besonders kämpften Thomas Nutt und Mussehl für die Einführung einer bessern Behandlung der Bienen, die Ersterer Lüftungsbienenzucht nannte. Sie war auf Abstellung des Schwärmens und Gewinnung einer reichlicheren Honigernte gerichtet. Aber die Lüftung der Stöcke zum Behuf des Abzugs des Dunstes und der Mäßigung der Hitze in denselben war schon vor Nutt von deutschen Schriftstellern, namentlich von Johann Christ. Ramdohr, empfohlen und ich selbst hatte mich derselben schon mehrere Jahre vor dem Erscheinen der Nutt'schen Schrift mit Nutzen bedient. Im Uebrigen scheiterte die Verbreitung der Nutt'schen Methode an Zweierlei, einmal an der Kostspieligkeit der Stöcke, und dann daran, daß die Bienen in den Seitenflügeln anstatt Honig Brut einschlugen, zwei Gebrechen, die auch den Dzierzon- und andern ähnlichen Stöcken eigen sind, wenn sie nicht mit großer Umsicht behandelt werden.

Von Berlepsch (im Handbuch, S. 307) gedenkt noch einer gemischten Methode und führt als Vertreter derselben auch mich an; allein so, wie er jene schildert: „daß man gewöhnlich die Hälfte der Stöcke zu Honigstöcken bestimme, der andern Hälfte bis Johanni keine Untersätze gebe und schwärmen lasse, die Vorschwärme einzeln aufstelle, die Nachschwärme aber, oft drei bis vier, mit einander vereinige, daß man im August die schwersten und leichtesten abschwefele, und im Frühjahre die Stöcke zur Hälfte ausschneide", ist sie nirgends von mir empfohlen worden. Ich habe vielmehr für honigarme Gegenden den allgemeinen Grundsatz aufgestellt:

> „daß man sich auf eine bestimmte Anzahl Stöcke (Honigstöcke) zu beschränken, hauptsächlich auf Honig- und Wachsgewinn hinzuarbeiten und in der Regel nur auf Ergänzung der abgehenden Stöcke Bedacht zu nehmen habe." (S. meinen Wegweiser, 2. Auflage, 1840, S. 141 und 142, und meine Aufsätze in der Bienenzeitung von 1845 und 1846.)

Mit Nutt und Morlot begann nun eine Zeit, wo die Bienenliebhaber ihr Heil in der Form und Vervollkommnung der Bienenwohnungen suchten; Dzierzon erfand den Stock mit beweglichem Wabenbau, Andere suchten denselben zu verbessern, und bald drehte sich das Hauptbestreben der Verehrer der Bienenzucht hauptsächlich um die Vorzüge und die Behandlung der Stöcke mit beweglichem Wabenbau; der Betrieb der Bienenzucht in strohenen Wohnungen blieb links liegen und wurde stiefmütterlich behandelt, obgleich er immer der allgemeine sein und bleiben wird.

Aber bei den Meisten, welche Bienen hielten, fehlte es an der Hauptsache, nämlich an einer rationellen Behandlung. Daher tappten sie in der Irre umher, waren an Stöcken bald arm, bald reich, und die Bienenzucht brachte ihnen eher Schaden als Gewinn. Ganz natürlich! denn es fehlte ihnen die Basis für einen wahrhaft ökonomischen Betrieb der Bienenzucht.

Ohne diesen giebt es kein Heil für die Bienenzucht, keinen Erwerb durch dieselbe, und darum bildet ein auf festen Grundsätzen beruhender Betriebsplan den wichtigsten Abschnitt in einer Schrift über die Bienenzucht.

## V.

## Der Betriebsplan, nebst speciellen Vorschriften über die Gründung und Erweiterung des Bienenstandes.

Der Betriebsplan muß sich nach der Ergiebigkeit der Gegend und nach den Mitteln des Bienenliebhabers richten; nach erstérer, weil eine sehr honigarme Gegend an sich schon einen großen Bienenstand bedenklich erscheinen läßt, zumal wenn an dem Orte bereits viele Bienen gehalten werden, indem dann jedem einzelnen Stande durch die Concurrenz Abbruch gethan wird; nach den letztern, weil jede, auch die kleinste Bienenzucht ein Betriebscapital erfordert, das sich natürlich nach dem Umfange derselben richtet. Jedem Anfänger rathe ich, mit wenigen Stöcken seine Zucht zu beginnen, weil er immer erst Lehrgeld geben muß, und der Schaden bei Fehlgriffen dann nicht ins Große geht. Sodann muß jeder Bienenzüchter seinen Stand auf eine Normalzahl von Bienenstöcken beschränken, von denen der größere Theil in Honig-, der kleinere in Zuchtstöcken besteht, deren Schwärme zur Recrutirung der erstern bestimmt sind, wenn, wie es von

Zeit zu Zeit der Fall ist, der eine oder andere der Honigstöcke abgeht. Jene Normalzahl kann selbstverständlich nach dem Ermessen des Bienenwirthes vergrößert und auch wieder vermindert werden, wobei ihm seine Erfahrung den sichersten Haltpunkt darbieten wird. Der Hauptgrundsatz ist der: Es soll nicht ins Blaue hinein Bienenzucht getrieben, sondern stufenweise fortgeschritten und immer eine Normalzahl im Auge behalten werden; denn eine planlose Vermehrung ist der Ruin der Stände. Darum ist die Hauptaufgabe des Züchters, dem freiwilligen Schwärmen, zu welchem in manchen Jahren die Bienen sehr geneigt sind, Grenzen zu setzen, wenn sein Stand gesichert sein soll. Gleichwohl muß sich Jeder beim Beginn der Bienenzucht auf einen Zuschuß gefaßt machen; denn Beides zugleich, Honig und Schwärme, läßt sich demselben Stocke nicht abgewinnen; und wer mit wenigen Stöcken anfängt, der muß zunächst auf eine größere Zahl zu kommen suchen, die nur dadurch erreicht werden kann, daß man lediglich auf Vermehrung hinarbeitet. Dieses geht aber selten ohne pecuniären Zuschuß ab.

Ich will nun eine ausführliche Anleitung geben, wie man zu Bienen, und zwar in möglichst kurzer Zeit zu einer Zahl von 12 Honigstöcken kommen kann, sodann aber über den daraus zu ziehenden Gewinn weitere Bemerkungen anknüpfen.

Voran muß ich darauf hinweisen, daß man den Unterschied zwischen den Z u c h t s t ö c k e n und H o n i g s t ö c k e n, da sie ganz verschieden behandelt werden müssen, sorgfältig ins Auge zu fassen hat; denn jene sollen Schwärme, diese Honig geben.

Der, welcher Bienenzucht treiben will, mache sich vor Allem mit der Naturgeschichte der Bienen vertraut und studire sie auf das Genaueste. Erst wenn dieses geschehen, kaufe er sich in der Frühjahrszeit, etwa im April, zwei gute Bienenstöcke, d. h. solche, welche noch Honigvorrath und viel Volk und Brut haben. Man wähle auf einem, m i n d e s t e n s

1 Stunde weit entfernten Bienenstande diejenigen aus, welche am Fleißigsten fliegen und höseln, prüfe ihr Gewicht und untersuche sie sodann von innen. Man sehe dabei einen Thaler mehr oder weniger ja nicht an, denn dieser verzinset sich zehn-, ja hundertfach. Zweierlei ist bei aller Vorsicht immer noch möglich: es kann ein im März oder April noch gut fliegender Stock weisellos sein oder bald darauf werden, was indessen bei vorhandener Brut ein seltener Fall ist, oder er kann, da das Gewicht täuscht, durch Hunger sehr zurückkommen oder gar sterben. Als ich daher meine ersten Bienenstöcke kaufte, verstand sich mein Verkäufer dazu, für beide Mängel bis zum 15. Mai, wo jene Bedenken zu Tage getreten sein, oder sich erledigt haben mußten, einzustehen.

In der Dunkelheit werden dann die Stöcke auf einer von zwei Personen getragenen sogenannten Trage, oder jeder auf einem Reffe,, das eine Person auf dem Rücken trägt, nach Hause geschafft und bald da hingestellt, wo sie ihren Platz bekommen sollen.

Ständer werden beim Transport auf den Kopf gestellt und die oben befindliche offene Mündung mit einem groben, Luft durchlassenden Tuche zugebunden. Angelangt an dem künftigen Standorte, wird der Stock, der immer noch zugebunden bleibt, herumgedreht und auf drei Keilchen, die auf das Flugbret gelegt sind, gestellt, so daß er einen Zoll hoch von diesem absteht. Nun bindet man, da es Nacht ist, das Tuch auf, so daß zwischen ihm und dem Stocke Luft ausströmen kann, und läßt es bis zum andern frühen Morgen, wo man es mit den Keilchen wegnimmt, liegen; es kann die Wegnahme aber auch oft schon nach einer Stunde, wo sich die Bienen beruhigt haben werden, geschehen.

Auf ähnliche Weise verfährt man bei Lagern, nur daß man diese beim Transport so legen muß, daß die Wachstafeln auf ihre Wurzel, d. h. dahin, wo sie oben an den Stock angebaut sind, zu stehen kommen.

Zur Begründung einer Zucht sind nun vor allen Dingen Schwärme nöthig und diese werden durch Honig befördert; denn je reicher die Tracht ist, um so mehr wird sich die Brut vermehren und um so früher werden Schwärme fallen. Daher muß man Stöcke, welche schwärmen sollen, einen Tag um den andern, oder, was besser ist, alle drei bis vier Tage, mit flüssiger, d. h. aus $^2/_3$ Honig und $^1/_3$ Wasser bestehender Nahrung versehen. (Speculative Fütterung.) Je weniger Honigvorrath die Stöcke haben, um so stärker muß die Fütterung sein; von Ehrenfels rechnet drei Pfund auf jeden schon mit dem nothwendigen Vorrathe versehenen Stock. Es darf ihnen nur ein Flugloch gelassen und weder ein Auf- noch ein Untersatz gegeben werden; denn Mangel an Raum in dem Stocke befördert die Wärme und diese das Schwärmen. Vermehrung der Bienenvölker ist aber zunächst zu erstreben.

Schwärmen beide Stöcke, so muß der Stock, der geschwärmt hat, sofort, nicht erst nach Verlauf einiger Stunden, auf eine andere Stelle gesetzt, der Schwarm aber auf dem Platze, wo der Mutterstock gestanden hat, aufgestellt werden. Aus beiden werden dann zwei gute Ueberständer, die in der Regel ihren Winterbedarf eintragen und äußerst selten der Nothfütterung bedürfen. Das nächste Jahr verfährt man auf dieselbe Weise, wo man, wenn es glücklich geht, zu acht Stöcken gelangen kann; im dritten Jahr kann man zu 12—16 Stöcken avanciren und es beginnt dann — wenn man seinen Normalstand auf 12 Stöcke festgestellt hat — eine andere Behandlung derselben, von der gleich nachher die Rede sein wird. —

Aber so nach der Schnur geht es mit der Vermehrung nicht; denn gar oft wollen die beiden Stöcke nicht schwärmen, zumal wenn sie früher magazinmäßig behandelt worden sind und die Jahre vorher nicht geschwärmt haben. Am Besten thut man daher, wenn man Stöcke kauft, die das Jahr vorher geschwärmt haben, oder welche Vorschwärme oder Nachschwärme vom vorigen Jahre sind. Die beiden letztern haben jungen Bau, die Mutterstöcke und Nachschwärme auch junge Mutterbienen. Bei Alledem wollen sie bisweilen nicht ans Schwärmen gehen, zumal wenn das Jahr ein recht honigreiches ist. Was ist da zu thun? Es bleibt dann nichts weiter übrig als den Schwarm von jedem abzutreiben (siehe Abschnitt VIII B); der Anfänger ziehe aber ja hierbei einen erfahrenen Bienenwirth zu Rathe. Der Abtreibling wird nun ebenfalls auf die Stelle des abgetriebenen Stockes gestellt, und dieser kommt auf einen entferntern Platz desselben Standes.

Sehr vortheilhaft ist es, wenn man die Schwärme, zumal die künstlichen, in mit Wabenbau versehene Wohnungen bringen kann, weil sie sich dann weit besser stellen werden.

Es giebt noch eine andere Methode, durch die man eine schnellere Vermehrung herbeiführen kann; sie erfordert aber schon Gewandtheit und Erfahrung und ich kann sie daher dem Anfänger nicht empfehlen. Bei der obigen, naturgemäßeren Methode riskirt er Nichts, als daß er ein oder zwei Jahre mehr braucht, ehe er zu der Normalzahl von 12 Stöcken gelangt; bei der folgenden kann ihm bei widrigen Umständen leicht die Lust an der Bienenzucht verleidet werden; denn zu dem Gelingen dieser Methode gehört nicht nur eine ergiebige Gegend an sich, sondern auch ein gutes Jahr, d. h. günstige Witterungsverhältnisse, welche letztere nicht in unserer Hand liegen. Was helfen die vorhandenen honigreichen Pflanzen, wenn sie wegen Kälte und Nässe nicht honigen und von den Bienen nicht benutzt werden können? Und was bleibt in solchen Fällen dem Bienenzüchter übrig als Vereinigung und — tüchtiger Honigzuschuß? Endlich, was bei der ersten Methode nur vortheilhaft, nicht nothwendig ist, Wohnungen mit Wachsbau, ist bei dieser Bedürfniß. Sie ist folgende:

Auch bei ihr läßt man die beiden erkauften Stöcke schwärmen, oder treibt sie ab. Schwärmen sie, so bleibt der Mutterstock nicht nur auf seiner Stelle stehen, sondern man faßt nicht einmal den ganzen Vorschwarm, sondern nur einen Theil desselben, etwa die Hälfte, oder, wenn er klein ist, Zweidrittel ein und läßt die übrigen Bienen auf den Mutterstock zurückgehen. Dies hat den Vortheil, daß dieser nun noch mehrere Nachschwärme giebt. Um das letztere um so sicherer zu bewirken, wird der Mutterstock gegen Abend, selbst bei bester Tracht, gefüttert, weil der Schwarmtrieb dadurch unterhalten wird. Bei ungünstigem Wetter muß um so stärker gefüttert werden. So giebt ein Stock oft noch zwei bis drei Nachschwärme, und nach jedem wird die Fütterung fortgesetzt. Ist der erste oder zweite Nachschwarm sehr volkreich, so läßt man ebenfalls einen Theil des Volkes auf den Mutterstock zurückfliegen. Die Nachschwärme stelle man nie neben die Mutterstöcke, sondern möglichst isolirt auf, damit sich die zum Behuf der Befruchtung ausfliegenden Mutterbienen nicht verirren und verloren gehen. Auch die Nachschwärme müssen gefüttert, oder, was noch besser ist, mit Honig- und Wachsbau versehen werden. Hat man diesen nicht, so füttere man sie drauf und drein den ganzen Sommer durch, damit die Bienen den ganzen Korb ausbauen, noch zu ihrem Wintervorrath gelangen und die Honigzellen bedeckeln können. Bei dieser Methode muß man für Vorschwärme sowohl, als besonders für Nachschwärme kleine Körbe nehmen, für jene solche Kränze, die 10—12 Zoll, für Nachschwärme solche, die 8 Zoll Durchmesser im Lichten haben. Die Bienen bauen sie eher voll und haben dann einen wärmern Wintersitz, was von der größten Wichtigkeit ist.

Womit man aber große Mühe und Plage hat, das sind die Nachschwärme. Mehrmals ziehen sie oft aus, hängen sich gar nicht an und gehen auf den Mutterstock zurück; oder ihr Anlegen ist kein festes, der Klumpen zerstiebt wieder und geht ganz oder theilweise auf den Stock zurück; ja, wenn man den Nachschwarm schon gefaßt hat und denkt, man habe ihn nun sicher, zieht er aus seiner Wohnung wieder aus, hängt sich theilweise an und geht theilweise und endlich ganz auf den Mutterstock zurück; am andern Tage wiederholt sich derselbe Vorgang, wobei viel Honig und Zeit vergeudet wird. Das Alles kommt meistens daher, weil bei den Nachschwärmen mehrere Königinnen sich befinden, von denen jede ihre Nebenbuhlerinnen fürchtet und jede ihren Anhang hat, der Unruhe verbreitet. Es ist daher das Beste, jeden Nachschwarm, so bald man ihn in eine Wohnung gebracht hat, in einen Keller oder eine kühle dunkle Kammer zu stellen und über Nacht darin zu lassen, wo dann die etwa vorhandenen überzähligen Königinnen getödtet sein und die Bienen eine Alleinherrscherin sich erwählt haben werden. Dieses Mittel ist mindestens weniger umständlich als das Baden der Nachschwärme und das Heraussuchen der überzähligen Königinnen, welches Andere empfehlen; doch gelangt man auf dem letztern Wege allerdings zu Reserveköniginnen. Mit der zweiten soeben beschriebenen Methode kommt der schon Geübte zwar schneller zu einer größern Anzahl Stöcke, sie erfordert aber viel Zeit und Aufwand an Honig und — schlägt doch bisweilen fehl. Sie ist nur dann zu rechtfertigen, wenn man schnell zu einer Normalzahl von Honigstöcken gelangen will, und muß mit Erreichung dieses Zieles aufhören, denn sie ist das gerade Gegentheil einer rationellen, auf Honiggewinn abzielenden Bienenzucht. Auch ist sie bei der künstlichen Production der Nachschwärme durch Abtreiben*) besonders bedenklich und jedenfalls muß dann der Abtreibling in eine mit Honig- und Wachsbau versehene (meublirte) Wohnung und an einem $^3/_4$ Stunden entfernten Standorte aufgestellt werden.

*) Und dennoch macht sich dieses oft nöthig, wenn die Nachschwärme nicht kommen oder sich nicht anlegen wollen.

Alle diese Bedenken fallen weg, wenn man auf die erstgedachte Weise verfährt, wo man zwar langsamer, aber sicher zum Ziele gelangt.

Ist nun der Anfänger zu einer Normalzahl von 12 und einigen Stöcken gelangt, so hört die Vermehrung auf und es wird lediglich auf Honig- und Wachsgewinn hingearbeitet. Schwärmt gleichwohl ein Stock mit oder ohne unsern Willen, so wird der Vorschwarm sofort auf seine Stelle, der Mutterstock an einen andern Platz auf demselben Stande, aber nicht neben dem Schwarme aufgestellt. Im nächsten Jahre kann man dann beide Stöcke, oder einen derselben, als Zucht- oder Honigstöcke behandeln. Während wir bei Zuchtstöcken, d. h. solchen, welche Schwärme geben sollen, auf die oben angegebene Weise verfahren, tritt für die Honigstöcke, d. h. für die, welche uns keine Schwärme, sondern Honig liefern sollen, folgende Behandlung ein:

Honigstöcke müssen viel mehr Raum haben als Zuchtstöcke, und während diese blos 10—12 Zoll im Lichten weit und 15—20 Zoll hoch sind, muß ein Honigstock 15—16 Zoll weit sein und kann eine Höhe von 2—3 Fuß haben. So lange man blos auf Vermehrung hinarbeitet, hat man sich jener kleineren theilbaren Stöcke zu bedienen, bei der Behandlung auf Honiggewinn der größern; sobald aber diese bei dem einen oder andern Stocke beginnt, müssen die Bienen in die weiteren Wohnungen übergesiedelt werden. Dieses geschieht auf die Weise, daß man den zeitherigen engern Zuchtstöcken mit Beginn der ersten Tracht einen Untersatz von 15—16 Zoll Weite und 3—5 Zoll Höhe giebt. Schon im ersten Jahre, wo nun der Stock in der Regel nicht mehr schwärmen wird, bauen die Bienen zwei und wohl auch drei solcher Untersätze voll. Im darauf folgenden Jahre wird dann der Stock durch weiteres Untersetzen auf seine normalmäßige Höhe gebracht und im Herbste der oben darauf stehende Stock mit dem darin befindlichen Honig weggenommen. Dies darf aber nicht eher geschehen, als bis der ganze Stock so viel Honig hat, daß dem zu überwinternden Stocke, nach Wegnahme seines Hauptes, mindestens noch 40 Pfund reiner Honig verbleiben.

Auf drei Grundsätzen hauptsächlich beruht das Gedeihen der Bienenzucht in Gegenden des zweiten und letzten Ranges:

Erstens, daß man allen Stöcken, mag man sie zu Zucht- oder Honigstöcken bestimmt haben, unten leere Wachstafeln nie wegschneidet, mit Ausnahme der etwa stark verschimmelten Spitzen. Ist vielleicht bei einem Honigstocke oder Schwarme ein Untersatz nicht vollgebaut, so muß er im Herbste allerdings weggenommen, mit andern Worten der Stock verkürzt werden, aber man hebe die darin befindlichen Wachstafeln sorgfältig auf, um sie im nächsten Frühjahre zu benutzen; denn der Bau neuer Tafeln kostet den Bienen viel Zeit und einen großen Aufwand an Honig (man sehe Abschnitt I und III, Ziffer 1), den wir dadurch ersparen, daß wir ihnen leeren Wachsbau geben.

Die zweite Hauptregel ist die, daß wir den Honigstöcken eine doppelte Honigernte, also einen Vorrath von mindestens 40—50 Pfund reinen Honig, lassen und sie mit diesem einwintern. Bei einer zweckmäßigen Ueberwinterung werden sie in der Regel höchstens 20 Pfund, also nicht einmal die Hälfte davon verzehren und ihr Bestand ist dann, selbst wenn ein totales Mißjahr eintritt, gesichert. Denn im allerschlimmsten, kaum denkbaren Falle werden sie sich auf diesem Gewicht erhalten, im günstigern wird ein so eingewinterter Honigstock im nächsten Herbste 70—100 Pfund und darüber wiegen, wo man nun von einem Stocke ¼ Centner Honig und darüber ernten kann. Im ersten Jahre büßt man bei diesem Verfahren allerdings die Honigernte ein, aber diese Einbuße verzinset sich zehnfach und ist die Bedingung der Sicherung des Standes gegen alle Witterungszustände.

Die dritte Regel besteht darin, daß man die Honigstöcke

nicht schwärmen läßt. Dieses wird dadurch erreicht, daß man sie an schattigen Orten aufstellt, sie lüftet und denselben den erforderlichen Raum giebt.

Daß die Wärme in den Stöcken das Schwärmen befördert, hat besonders Thomas Nutt außer Zweifel gestellt und ist jetzt allgemein anerkannt. Sind daher die Stöcke der Sonne ausgesetzt, so muß dadurch die Wärme im Stocke steigen. Daher ist es gut, wenn Stöcke, die schwärmen sollen, die Sonne haben, obgleich das ungeschützte Aufprallen der Sonnenstrahlen auf dieselben immer nachtheilig ist, weil es die Bienen zum unzeitigen Vorliegen veranlaßt; bei Honigstöcken dagegen ist das Umgekehrte der Fall, sie müssen einen kühlen Standort haben. Für sie paßt vorzugsweise der Nord- oder Nordoststand; auch der Oststand, wo Bäume Schatten geben, ist recht gut, und dieser hat zugleich den Vorzug, daß er auch für die zum Schwärmen bestimmten Stöcke paßt.

Aber, wird man fragen, wenn wir nun auf eine Normalzahl von Stöcken gelangt sind, so stehen ja diese alle, da wir bis dahin nur Vermehrung beabsichtigten, auf dem wärmeren, der Sonne mehr ausgesetzten Stande. Wie bringen wir sie nun in demselben Gehöfte auf einen andern Stand, ohne daß sich eine Menge Bienen verfliegen und die Stöcke dadurch geschwächt werden?

Manche werden gleich mit der Antwort fertig sein: „Wenn sie im Winterlager drei Monate, ohne zu fliegen, zugebracht haben, so haben sie ihren frühern Standort vergessen und man kann sie auf einen Platz bringen, auf welchen man will, ohne daß sich Bienen verfliegen.“ Ganz falsch! Ich hatte meine Bienen über vier Monate, von Mitte November bis Ende März, eingestellt, brachte sie dann sogleich in ein neuerbautes Bienenhaus und gleichwohl flogen sehr viele auf ihren alten Stand in dem benachbarten Garten zurück, wo sie dann sich verloren.

Um diesem Uebelstande zu begegnen, bleibt, wenn der

Stand so der Sonne ausgesetzt sein sollte, daß sich Honigstöcke auf denselben nicht aufstellen lassen, nichts weiter übrig, als daß man den Stock, der geschwärmt hat, sofort auf den Platz bringt, wo er als Honigstock für immer stehen bleiben soll, während man den Schwarm auf die Stelle setzt, wo sein Mutterstock zeither gestanden hatte.

Uebrigens muß ich wiederholen, daß es nicht nöthig ist, für Stöcke, die man zur Zucht bestimmt, und für Honigstöcke besondere Stände zu haben; denn auch jene sollen nicht allzusehr den brennenden Sonnenstrahlen ausgesetzt sein. Ein luftiger Stand nach Morgen zu, der von Bäumen beschattet ist, wird beiden Zwecken dienen, und wenn Bäume fehlen, muß man durch die eine oder andere Vorrichtung den Stöcken Schatten geben, so daß die Honigstöcke von 10 Uhr des Vormittags an gegen die Sonnenstrahlen gesichert sind.

Da sie aber sehr volk- und honigreich sind, so muß man ihnen, wenn sie den für sie bestimmten gesammten Raum vollgebaut haben, noch Luft geben (lüften), weil sie sich sonst immer noch vorlegen und viele Bienen nicht arbeiten würden. Schon oben (im IV. Abschnitte) habe ich hierüber Einiges bemerkt und jetzt nur noch die einfachste Art des Lüftens anzugeben. Alle Deckel zu den weiten Strohwohnungen sind zu dem Ende mit runden Oeffnungen zu versehen, die 6—8 Zoll im Durchmesser halten, und über welche ein Drahtgitter mit Nägeln befestigt wird, so daß keine Biene durchkommen kann. Auf dieser mit einem Drahtgitter versehenen Oeffnung wird ein zweiter kleinerer Deckel befestigt, der, wenn gelüftet werden soll, abgenommen, anstatt dessen aber über das Drahtgitter ein Blumenasch oder sonstiger hohler Gegenstand gestellt wird, der den Luftabzug nicht aufhält. Geschähe dieses Verdunkeln nicht, so würden die Bienen durch die oben eindringende Hellung irritirt werden und das Gitter mit Vorwachs und Wachs verkleben. Je größer die Oeffnung im Deckel ist, desto mehr befördert sie den Abzug des

Brodems (Dunstes). Ist der Sommer sehr heiß und der Stock, wie es bei Honigstöcken fast immer der Fall ist, sehr volkreich, so hilft jenes Lüften nicht einmal immer, sondern man muß den Hauptdeckel des Stocks abbrechen und einen Strohkranz aufsetzen, dessen Deckel mit einem Drahtgitter versehen ist; denn dann kann der Dunst leichter aus allen Theilen des Baues in die Höhe und durch das Gitter oben hinausziehen; aber auch hier muß das Gitter mit einem hohlen Gefäße bedeckt werden, damit keine Hellung in den Stock fällt. Auf diese Weise geschieht der Lüftungsproceß schneller und kräftiger, und bei warmem Wetter ist es gar nicht nöthig, des Nachts auf das Gitter ein Tuch zu legen; denn die Wärmetemperatur in dem Stocke sinkt durch das Lüften durchaus nicht bedeutend herab; sollte aber kaltes Wetter eintreten, so thut man wohl, auf die Oeffnung einen kleinen Strohdeckel oder einen Lappen zu legen.

Der Aufsatz dient zu doppelten Zwecken, einmal zur Lüftung und dann zur Aufspeicherung von Honig, den wir im Herbste ernten. Gestaltet sich nun das Jahr so, daß die Bienen in den Aufsatz gar nicht oder nur wenig bauen, so wird derselbe Ende Juli wieder weggenommen und das darin befindliche Wachsgebäude sorgfältig aufgehoben. Ist er aber vollgebaut, so prüft man (nöthigenfalls auf der Wage) das Gesammtgewicht des Stocks und schneidet den Aufsatz ab, jedoch nur unter der Voraussetzung, daß der Stock noch an reinem Honig, d. h. nach Abzug des Gewichts der Wohnung, der Bienen, des Blumenmehls, des Flugbretes u. s. w., ein Gewicht von mindestens 40—50 Pfund behält. Und mit diesem Gewicht wird er eingewintert. Um in jeder Hinsicht zu einem sichern Resultate zu gelangen, ist nothwendig, daß man jeden Theil der Wohnung, wenn sie leer ist, wiegt und das Gewicht auf demselben bemerkt, namentlich auch auf den Flugbretern. Zweierlei ist hierbei besonders ins Auge zu fassen; erstens, daß in alten Stöcken die Waben schwerer sind als bei jungem Bau, und zweitens, daß in jenen mehr altes Blumenmehl und Vorwachs befindlich ist als in diesen. Das führt zu dem Grundsatze: daß man immer am sichersten geht, wenn man jedem Stock 5 Pfund Uebergewicht zu viel statt zu wenig läßt.

Hat man nun einen Honigstock auf seine normalmäßige Höhe gebracht, so wird demselben nicht mehr untergesetzt, sondern er erhält stets einen Aufsatz in der oben angegebenen Weise. Ich beobachtete früher hin und wieder ein anderes Verfahren und setzte auf und unter, letzteres, um nach und nach eine Erneuerung des Wabenbaues herbeizuführen und um die Stöcke desto sicherer vom Schwärmen abzuhalten; allein ältere und neuere Beobachtungen von Spitzner, Dzierzon, Stöhr und von Berlepsch haben außer Zweifel gesetzt, daß viele Jahre dazu gehören, um den Wabenbau zur Einschlagung der Brut untauglich zu machen, und das Schwärmen läßt sich durch Lüftung auf die oben angegebene Weise verhüten, wogegen die Verlegung des Brutnestes, welche das Untersetzen herbeiführt, als nachtheilig geschildert wird (von Berlepsch, Handbuch, S. 99 und 309).

Dieses Bedenken steht auch der von mir oben vorgeschlagenen Transplantation der Bienen aus den engeren Wohnungen in die weiteren entgegen. Weder ich noch Braun haben aber einen Nachtheil bei jenem Verfahren bemerkt. Man kann indessen auch die jedesmaligen Vorschwärme sogleich in weite Wohnungen von 15—18 Zoll Höhe einfangen, in welchen sie dann verbleiben; nur muß man sie, wenn ungünstige Witterung eintritt (wie überhaupt jeden Schwarm), füttern, damit sie die weitere Wohnung vollbauen.

Sollte der eine oder andere der Honigstöcke schwärmen, so wird er, wie oben schon bemerkt ist, verstellt. Aber jenes wird selten der Fall sein; denn ich weiß aus langer Erfahrung, daß sich die Bienen an das Schwärmen gewöhnen, aber auch desselben entwöhnt werden können.

Auf einen Punkt muß ich aber noch aufmerksam machen, der bei den Stöcken, die nicht schwärmen und folglich ihre Königinnen seltener wechseln, dann und wann eintritt; es ist dieses die Abnahme der Fruchtbarkeit der Mutterbienen und wohl gar ihr Abgang. Fällt dieser in den October oder in eine spätere Jahreszeit, wo eine junge Mutter nicht erbrütet, bezüglich nicht befruchtet werden kann, so ist der Stock verloren. Das Ueble bei den volkreichen und großen Honigstöcken ist nun der Umstand, daß im Frühjahre die Weisellosigkeit gar oft nicht schnell erkannt werden kann, weil die Stöcke vermöge ihrer Volksstärke immer noch gut fliegen und auch wohl höseln. Hier ist das Einfachste, daß man den weisellosen Stock durch einen Reservestock ergänzt, damit die Normalzahl der Honigstöcke bleibt, und daß man die Bienen aus jenem austreibt, den Honig sich zu Nutzen macht und die Kränze mit leerem Wachsbau zu Aufsätzen für andere Stöcke verwendet. Das Weitere gehört in die Lehre von der Weisellosigkeit.

So, wie ich in diesem Abschnitte beschrieben habe, muß die Bienenzucht betrieben werden, wenn man aus derselben einen sichern und dauerhaften Ertrag gewinnen will. Man muß sich immer zuletzt auf eine Normalzahl von Honigstöcken beschränken, die man aber selbstverständlich von Zeit zu Zeit vergrößern kann, wenn man es in seinem Interesse findet. Die Vernachlässigung dieser Vorschrift heißt: Bienenzucht ohne Plan und Ziel, mit andern Worten: Ins Blaue hinein treiben! Das Ende davon ist ein verödeter Bienenstand und das bekannte Lied: Glück gehört zur Bienenzucht!

Jeden Anfänger ersuche ich, diesen Abschnitt und auch den dritten genau zu lesen und zu beherzigen. Er ist die Quintessenz der Bienenzucht, man mag diese in Stöcken mit unbeweglichem oder beweglichem Wabenbau betreiben; denn noch einmal wiederhole ich: Nicht die Wohnung, sondern die Methode ist die Hauptsache! Die geneigten Leser mögen daher entschuldigen, wenn ich diesem Abschnitt Manches einverleibt habe, was vielleicht später, an andern Orten zu bringen gewesen wäre; aber ich wollte gern gleich anfangs ein vollständiges Bild der ganzen Betriebsweise geben und es wird dann später genügen, auf diesen Abschnitt zurück zu verweisen.

Zum Schlusse noch ein Paar Worte über den Gewinn, der nach meiner Betriebsmethode zu erwarten ist. Dieser besteht lediglich in dem Erlöse aus Honig und Wachs und an diesem nur insoweit, als es von dem geernteten Honig gewonnen wird. Denn der Handel mit italienischen Königinnen ist nur wenigen Auserwählten, die die Mittel und Kenntnisse zur Zucht derselben besitzen, beschieden. Auch gehören hierzu Wohnungen mit beweglichem Wabenbau, und mit diesen können sich die Meisten aus den oben angegebenen Gründen nicht befassen. Sodann leidet der Bienenstand bedeutend durch die künstliche Erziehung von Müttern und von Berlepsch sowohl als Hübler haben dieses Geschäft um deswillen ganz aufgegeben.

Eher ist der Verkauf von überzähligen Bienenstöcken, die man durch Zuzucht gewinnt, geeignet, uns einen Gewinn zuzuführen. Ueberzählig nenne ich diejenigen Stöcke, welche die Normalzahl, die man sich für seinen Stand gesetzt hat, übersteigen. Aber in honigarmen Gegenden ist es auch mit dieser Art und Weise, Gewinn aus der Bienenzucht zu ziehen, bedenklich, weil man weit klüger handelt, das Schwärmen zu verhüten, oder doch zu beschränken, und weil man immer einige Reservestöcke nöthig hat, um die abgehenden Honigstöcke zu rekrutiren. Daß man von einem guten Stocke, der nicht schwärmt, einen Gewinn hat, ist gewiß; was aber aus ihm, wenn er schwärmt, und was aus dem Schwarme wird, ist und bleibt ungewiß, und darum ist es das Beste, den sichern Weg zu wählen.

Zur bessern Veranschaulichung gebe ich nun noch eine

## Berechnung des Vortheils von 12 nach meiner Methode behandelten Bienenstöcken nach einem zehnjährigen Durchschnitte.

### Vorbemerkungen.

1. Das Betriebskapital beträgt:

60 Thaler für 12 gute Stöcke,
10 = für den Bienenstand,
10 = für Geräthschaften, namentlich Strohkörbe, bezüglich Ringe (Kränze).

80 Thaler in Summa, welche jährlich zu 4 Procent, also mit 3 Thaler 6 Silbergroschen, zu verzinsen sind.

2. Es werden angenommen zwei vorzügliche, zwei schlechte, drei kaum mittelmäßige und drei mittelmäßige Jahre.

3. Von den erkauften 12 Stöcken werden zwei zu Zuchtstöcken bestimmt. Von diesen wird gar kein Abwurf in 10 Jahren in Anschlag gebracht, vielmehr blos angenommen, daß sie mit ihren Schwärmen zur Rekrutirung der 10 Honigstöcke dienen und daß nach Ablauf der 10 Jahre nicht mehr als zwei Honigstöcke vorhanden sind.

4. Ich habe meine Honigstöcke jedes Frühjahr gegen Anfang April und jeden Herbst im September oder Anfangs October gewogen und da hat sich das Verhältniß so herausgestellt, daß sie durchschnittlich in einem Sommer eingetragen hatten:

a) in guten Jahren gegen 60 Pfund;
b) in mittelmäßigen gegen 35 bis 40 Pfund;
c) in kaum mittelmäßigen gegen 25 Pfund, und
d) in schlechten ungefähr das, was sie den Winter hindurch gezehrt hatten, also 10 bis 15 Pfund.

Dies letztere, unter d bemerkte, ergab sich daraus, daß

sie im September wieder das Gewicht hatten, mit dem sie in demselben Monate des vorigen Jahres versehen waren; ein solches Mißjahr war aber äußerst selten und ist mir bei meinen starken Stöcken, die auch die kürzeste Honigtracht mit Macht benutzen konnten, in zehn Jahren blos einmal vorgekommen.

5. Ferner nehme ich bei der aufzustellenden Berechnung an, daß die Stöcke, von denen man das Stück für fünf Thaler im Frühjahre kauft, zur Zeit der Apfelblüthe, noch einen Honigvorrath haben, und ich schlage das Bruttogewicht eines Strohkorbes, der mit dem Flugbrete ungefähr 7 bis 8 Pfund wiegt, durchschnittlich auf 25 Pfund an.

### Durchschnittsberechnung.

| | |
|---|---|
| 1852, kaum mittelmäßig. | 10 Stöcke von 25 Pfund Gewicht gelangen zu 50 Pfund Bruttogewicht. Aller Vorrath bleibt ihnen. Gewinn fällt aus. |
| 1853, mittelmäßig. | Jeder Stock wiegt in Folge der Zehrung im Frühjahr noch 40 Pfund, im Herbste 75 Pfund. Jeder wird auf 60 Pfund reducirt, die er behält. Gewinn an Rohhonig 150 Pfund, an Geld, zu 5 Silbergroschen pro Pfund, 25 Thaler. |
| 1854, schlecht. | Die Stöcke erhalten sich auf ihrem Gewicht von ungefähr 60 Pfund. Gewinn fällt aus. |
| 1855, gut. | Jeder Stock wiegt nach der Zehrung noch 40 Pfund und stellt sich auf 100 Pfund. 60 Pfund bleiben ihm. Ausbeute 400 Pfund. Gewinn an Geld 66 Thaler 20 Silbergroschen. |
| 1856, kaum mittelmäßig. | Jeder Stock hat nach der Zehrung 40 Pfund, im Herbste 65 Pfund. Gewinn 50 Pfund Honig, an Geld 8 Thaler 10 Silbergroschen. |

| | |
|---|---|
| 1857, mittelmäßig. | Gewicht im Frühjahr 40 Pfund, im Herbst 75 Pfund. Ausbeute wie 1853; an Geld 25 Thaler. |
| 1858, schlecht. | Die Stöcke kommen auf ihr altes Gewicht von 60 Pfund. Gewinn fällt aus. |
| 1859, mittelmäßig. | Wie 1857. Gewinn 25 Thaler. |
| 1860, gut. | Wie 1855. Gewinn 66 Thaler 20 Silbergroschen. |
| 1861, kaum mittelmäßig. | Wie 1856. Gewinn 8 Thaler 10 Silbergroschen. |

| | |
|---|---|
| Die Gesammteinnahme in den 10 Jahren beträgt also | 225 Thaler. |
| Die Gesammtausgabe an 10jährigen Interessen | 32 " |
| Reiner Gewinn | 193 Thaler. |

Der jährliche Reinertrag besteht sonach in

16 Thaler 2 Silbergroschen 6 Pfennige,

und jeder der 12 Stöcke hat sich mit

1 Thaler 10 Silbergroschen $2\frac{1}{2}$ Pfennige

jährlich verzinset, während der Kapitalwerth der Stöcke, von denen jeder beim Ankauf blos 25 Pfund Gewicht hatte, im Frühjahr 1862 dagegen 40 Pfund wiegen wird, sich überdies bedeutend vermehrt hat.

## VI.

## Von der Sorgfalt für die Bienen und den bei denselben allmonatlich zu verrichtenden Geschäften.

Unter der Sorgfalt für die Bienen verstehe man ja nicht ein fortwährendes Handtiren an denselben — ein Probiren ihres Gewichts durch Heben des Stocks oder durch Hineinsehen in den Bau, ein Oeffnen der wenigen Fensterchen und dergleichen mehr. Jede Bewegung mit dem Stocke, jeder Stoß und jede Erschütterung irritirt die Bienen, macht sie unruhig und reizt sie zum Verzehren von Honig an. Es scheint ihnen namentlich das öftere Heben an dem Stocke mittelst des Flugbretes, welches ein Schaukeln verursacht, unangenehm zu sein und ein Gefühl der Unsicherheit in ihnen hervorzurufen, welches ihrer Thätigkeit Eintrag thut. Einsamkeit und Ruhe ist ihr Element. Schon ältere Bienenväter haben vor dem fortwährenden Herumhandtiren an den Stöcken gewarnt und von der Richtigkeit ihrer Warnung kann man sich leicht überzeugen, wenn man Vergleiche anstellt zwischen Stöcken, an denen man öfters sich beschäftigt und solchen, die man ganz ungestört fliegen läßt. Diese werden weit mehr an Gewicht zunehmen als jene. Ich spreche hier aus Erfahrung und bin selbst erst durch Schaden klug geworden. Aber neuerer Zeit haben Hübler (Bienenzeitung von 1860, S. 32), Rothe (Bienenzeitung von 1861, S. 30 und 158) und Keding (Bienenzeitung von 1861, S. 152) noch die wichtige Entdeckung gemacht, daß die Beunruhigung der Bienen gar oft die Veranlassung ist, daß diese über ihre Königin herfallen und sie tödten. Darum störe man ohne Noth nie seine Bienen! Auch das Sichhinstellen vor die Bienen, das Treten in den Flug derselben ist störend für sie, ganz abgesehen davon, daß eine auf dem Begattungsausfluge begriffene junge Königin sich verirren kann. Am Besten gedeihen immer isolirt aufgestellte Stöcke, zu denen man selten kommt.

Sehr zu empfehlen ist dagegen ein häufiges Beobachten des Benehmens der Bienen, aus welchem sich auf das Befinden derselben schließen und insbesondere oft die Weisellosigkeit erkennen läßt. Es ist nicht nothwendig, daß man stunden-, geschweige denn tagelang seine Bienen beobachtet;

der Geübtere wird mit einem Blicke, den er von einem Stocke zum andern schweifen läßt, bald sehen, wie es mit jedem einzelnen Stocke steht, ob er emsig fliegt, ob sich Näscher an demselben zeigen, ob er ruhig ist oder ob irgend etwas mit ihm vorgeht. Entdeckt man nun irgend etwas Bedenkliches, so ist eine nähere Untersuchung entweder sofort anzustellen, oder doch der Stock unter eine genauere Aufsicht zu stellen.

Nach diesen Vorbemerkungen gehe ich zu den einzelnen Geschäften über und beginne mit dem ersten Reinigungsausfluge, von welchem das Bienenjahr zu laufen beginnt. Dabei versteht sich von selbst, daß, weil die Jahreszeit verschieden ist, die Angabe der Monate eine sichere nicht sein kann, sondern immer nur eine ungefähre bleiben wird.

## Februar.

1) Beobachtung der Bienen, ob sie noch ruhig im Winterlager sitzen.
2) Entfernung einzelner brausender Stöcke und Untersuchung derselben.
3) Oeffnen der Laden, Strohmatten und sonstigen Vorhänge, wenn die Bienen in Folge warmen Wetters durchzubrechen streben.
4) Aufstellen der eingekammerten Stöcke auf den Stand, wenn die Wärme nicht blos vorübergehend ist.
5) Belegen des Platzes vor dem Bienenstande mit Strohdecken, Stroh, dürrem Laub und Pferdedünger, wenn noch Schnee liegt. Aufsuchen und Erwärmen erstarrter Bienen, die man, wenn sie sich erholt haben, vor dem Stande abfliegen läßt.
6) Beobachtung der einzelnen Stöcke, ob sie vorspielen, ob sie ihre Wohnungen von Gemülle und Todten reinigen, ob sie ruhig oder unruhig sind.
7) Unterlegen von Keilchen unter die Stöcke und Wegnehmen der erstern am Abend.

8) Wechsel der Flugbreter und Durchsuchung des auf denselben liegenden Gemülles nach etwaiger Brut oder einer todten Königin.
9) Fernere Beobachtung des Fluges der Stöcke an den folgenden Tagen.
10) Entfernung jedes entdeckten weisellosen Stockes vom Stande. (Vgl. hierüber Abschnitt XIV.)
11) Alle Lücken an den Stöcken werden mit einer Mischung von Lehm und frischem Kuhdünger verstrichen, weshalb stets ein Vorrath hiervon vorhanden sein muß.
12) Ein einziges Flugloch bleibt offen, die andern sind geschlossen.

## März.

1) Dieselben Geschäfte, wie im Februar, wenn im März erst der Reinigungsausflug erfolgt oder in diesem Monat fortgesetzt wird.
2) Durchsicht und Vervollständigung der Bienengeräthschaften, insbesondere der erforderlichen Wohnungen und Zusammensetzung derselben. Untersuchung der mit Wabenbau versehenen Behälter, ob sich Motten darin zeigen.
3) Aufmerksamkeit darauf, ob Stöcke von Raubbienen angefallen werden oder selbst auf das Rauben sich legen. (S. Abschnitt XII.)
4) Vereinigung der Bienen weiselloser Stöcke mit andern Stöcken. (S. Abschnitt X.)
5) Reinigen und Ebnen des Platzes vor dem Bienenstande und Ueberziehen desselben mit Sand.
6) Fütterung der Stöcke, welche Noth leiden, dafern sie noch volkstark sind. (S. Abschnitt XIV.)

## April.

1) Es sind von den Geschäften des März diejenigen zu besorgen, die noch im Rückstande sind; insbesondere

ist auf den mehr oder weniger thätigen Flug der Bienen und ob sie höseln, Acht zu geben. Stöcke, die weniger thätig sind, wenig fliegen und schwach höseln, sind unter strenge Aufsicht zu stellen und einer sorgfältigen Untersuchung baldigst zu unterwerfen.

2) Mit der Aufsicht wegen der Räuberei (März, Nr. 3) und mit der Fütterung (März, Nr. 6) ist fortzufahren. Noch jetzt entdeckte weisellose Stöcke sind alsbald mit andern zu vereinigen.

3) Der Stand, auf welchem die Bienen stehen, ist sorgfältig abzukehren und rein zu erhalten; alle bereits bebaut gewesenen Körbe und Kränze, die immer einen Honiggeruch verbreiten und fremde Bienen anlocken, sind zu entfernen.

4) Alle Spinneweben sind zu vertilgen, vor Allem die Spinnen selbst.

5) Mitte oder Ende dieses Monats beginnt bei den Stöcken, welche schwärmen sollen, die speculative Fütterung.

6) Kein weiselloser oder auch nur schwacher Stock darf in diesem Monate mehr geduldet, sondern er muß mit einem andern vereinigt werden. (Abschnitt XII.)

## Mai.

1) Die Geschäfte Nr. 2, 3, 4 und 5 vom vorigen Monat werden fortgesetzt, ebenso Nr. 5 und 6 vom Monat März.

2) Körbe zum Einfangen der Schwärme, desgleichen Aufsätze werden in Bereitschaft gesetzt, die mit leeren Waben versehenen Körbe und Kasten ausgeschwefelt und in Kisten verschlossen, oder andern starken Stöcken aufgesetzt, welche sie von Rangmaden rein erhalten.

3) Es ist zu Ende dieses Monats wegen etwaigen Auszugs von Vorschwärmen Acht zu geben.

4) Jeder Schwarm ist sofort einzufangen und sogleich auf den Platz seines Mutterstocks zu stellen, diesem aber eine andere Stelle anzuweisen.
5) Jeder zum Schwärmen bestimmte Stock ist von außen mit einem besondern Zeichen zu versehen.
6) Jeder Schwarm, gleichviel ob ein natürlicher oder Abtreibling, ist, wenn ungünstiges Wetter eintritt, gehörig zu füttern.
7) Liegt ein Stock längere Zeit vor, ohne zu schwärmen, so ist zum Abtreiben zu schreiten.

## Juni.

Von diesem Monat gilt das vom Mai Gesagte. Uebrigens benutzt man

1) die mit leerem Wabenbau versehenen Stöcke zum Einfassen von Schwärmen oder Abtreiblingen, man tritt
2) den Bienen, zumal in den Mittags- und Nachmittagsstunden, nicht in den Flug, und hat
3) auf die abgeschwärmten Mutterstöcke und Nachschwärme, insbesondere aber darauf Acht, ob sich an denselben Unruhe zeigt und die Bienen wie suchend an denselben herum- und nach den Nachbarstöcken laufen. Ist das der Fall, so hat man die Nachbarstöcke sowohl als den unruhigen Mutterstock oder Nachschwarm selbst aufzuheben und zu sehen, ob sich in denselben, auf dem Flugbrete oder zwischen den Tafeln, ein Knäuel von Bienen zeigt, und ob sich die Mutterbiene darin befindet. Ist das der Fall, so ist sie zu befreien, und, wenn sie unbeschädigt ist, ihrem Stocke zurückzugeben. Wäre sie aber in diesem von Bienen umschlossen gefunden worden, so ist sie in ein Weiselhäuschen zu sperren und in demselben in ihren Stock zu legen. Am andern Tage läßt man sie dann frei.

4) Auf jedem Mutterstocke ist der Tag zu bemerken, an welchem er den Vorschwarm gegeben hat, und es ist spätestens am 28. Tage nach dem Abzuge desselben nachzusehen, ob die Drohnen am frühen Morgen auf das Flugbret hinabgedrängt sind. Auch sind die andern in dem Abschnitte über die Weisellosigkeit (XI.) ersichtlichen Proben zu machen, um zu erfahren, ob der Mutterstock eine fruchtbare Mutterbiene hat oder nicht.

5) Es sind den Honigstöcken mehrere Fluglöcher zu öffnen.

6) Es sind denselben Auf- und Ansätze, wo möglich mit leeren Wachstafeln, zu geben.

7) Es sind die Honigstöcke zu lüften, damit die Bienen nicht müßig vorliegen.

## Juli.

Vom Juli gilt zum Theil das vom Juni Gesagte. Da indessen im Juli oft schon die Tracht bedeutend abnimmt und die Drohnenverfolgung beginnt, so sind

1) in Fällen dieser Art die Fluglöcher bis auf eins oder zwei zu schließen. Man kann dann

2) mit dem Wegfangen der Drohnen beginnen, und man muß jedenfalls

3) Acht geben, daß sich, wenn der Stock nur ein Flugloch hat, dieses nicht durch Drohnen und Arbeitsbienen verstopft. Diese hatten sich einmal bei mir in einem Stocke so zusammengekeilt, daß keine Biene ein und aus konnte und die Bienen im Stocke bei dem hohen Wärmegrade dem Ersticken nahe waren. Zum Glück kam ich noch zu rechter Zeit dazu. Ich hob den stark brausenden Stock auf und eine Menge Bienen stürzten heraus; der Knäuel verschwand im Flugloche und der Stock wurde wieder ruhig.

## August.

Von diesem Monate gilt ebenfalls das vom Juli Gesagte. In den August fällt meistens die Drohnenschlacht und honigreiche Stöcke dulden die Drohnen gewöhnlich bis in den August hinein; aber der Stock, welcher sie länger ungestört aus- und einpassiren läßt, ist der Weisellosigkeit dringend verdächtig.

Im August muß man hauptsächlich auf Zweierlei sein Augenmerk richten, nämlich auf die Weiselrichtigkeit der Stöcke und auf Raubanfälle; gar oft verrathen uns diese die Weisellosigkeit oder doch die Volksschwäche eines Stocks.

Der August ist endlich der Monat, wo man die Auf- und Ansätze wegnimmt, mögen diese nun gefüllt oder noch leer sein; doch kann man damit auch bis in den September warten, denn der Honig, den die Bienen etwa noch aus jenen in den Hauptstock tragen, geht uns ja nicht verloren.

## September.

In diesem Monat werden die vorhandenen Stöcke ihrem Gewicht nach und insbesondere in Bezug auf ihre Weiselrichtigkeit genau revidirt und

1) alle weisellosen und schwachen Völker mit andern vereinigt. (S. den Abschnitt von der Weisellosigkeit, XI.)
2) werden selbstverständlich alle Lücken an den Stöcken verstrichen und jedem Stocke nur ein Flugloch gelassen, und
3) werden die Stöcke, welchen es an dem nothwendigen Winterbedarf an Honig fehlen sollte, auf ein Gewicht von mindestens 30 Pfund inneres Gut gebracht, endlich
4) nunmehr zur Wegnahme der Auf- und Ansätze mit dem darin befindlichen Honig geschritten.

Sowohl in diesem Monate, als im

## October

ist das Hauptaugenmerk auf die Räuberei und darauf zu richten, daß die Bienen, die noch nicht eingestellt, oder gegen sonstige äußere Einwirkungen noch nicht geschützt sind, vor der Beunruhigung durch Spechte und Meisen gesichert werden. Stroh- und Bastdecken, sowie sonstige Schutzmittel gegen die Kälte sind in Bereitschaft zu setzen und insbesondere sind die Fluglöcher durch Einspießen von Nägeln gegen Mäuse zu verwahren.

## November.

In diesem Monat beginnt in der Regel die Einwinterung der Bienen; denn nur selten hebt der Winter schon zu Ende des October an; es ist aber gut, wenn man schon im October die Stöcke zur Einwinterung vorbereitet, d. h. die Wachswaben unten 1—1½ Zoll hoch wegschneidet und alle Lücken auf das Sorgfältigste verschmiert. Es bedarf dann nur noch der Einstellung oder Umhüllung der Stöcke, um sie völlig der Winterruhe zu übergeben. Auch im November muß man ebenso wie im

## December

nach den Bienen sehen, ohne sie jedoch zu beunruhigen, und genau Acht geben, ob in dem einen oder andern Stocke und in welchem Unruhe entsteht. Ein solcher Stock ist vom Stande zu entfernen und genau zu beobachten, bezüglich zu untersuchen.

Schutz gegen die Kälte ist die Hauptaufgabe des Bienenwirthes in diesem Monat und ebenso auch in dem folgenden, dem

## Januar,

der das Bienenjahr schließt, indem die Bienen gewöhnlich im Februar zu neuem Leben erwachen. Sollte ausnahmsweise schon Ende Januar wärmere Witterung eintreten, und es nicht thunlich sein, die Bienen länger im Winterlager ruhig zu erhalten, so ist so zu verfahren, wie für den Monat Februar angegeben ist.

## VII.

## Das Bienenhaus oder der Bienenstand.

Von dem Bienenhause im gewöhnlichen Sinne unterscheide man die Bienenpavillons, die man freilich auch Bienenhäuser nennen könnte, und zwar die schönsten, die es giebt. Von diesen schweige ich aber schon aus ökonomischen Gründen*) und behaupte sogar, daß ein Bienenhaus überhaupt nicht nothwendig ist und sonach die Ausgabe dafür erspart werden kann. Hat man die Wand eines Gebäudes, die nach Osten liegt, zur Disposition, so läßt man Bankeisen in deren Balken einschlagen, denen man nöthigenfalls Stützen giebt, legt Breter darauf und das Bienenhaus ist fertig, indem man, wenn der Dachvorsprung die Stöcke nicht gegen den Regen schützt, ein Dächelchen darüber anbringen läßt. Ist man gegen Diebstahl und Vieh gesichert, so kann man die Stöcke auch einzeln oder mehrere nebeneinander in dem Garten unter Bäumen 3—4 Fuß hoch über der Erde auf einem aus einigen Pfählen bestehenden Gerüste aufstellen; nur ist es freilich bequemer, wenn man seine Bienen an einem Orte zusammen aufgestellt hat, an welchem man sie recht oft des Tages, auch unwillkürlich, zu Gesicht bekommt. Selbst der

*) Man kann dergleichen auch von Lehm oder Pisé (ein Gemisch von Kies, Chausseekoth, Schlamm u. dgl., welches getrocknet sehr fest wird) erbauen und diese kommen selbstverständlich billiger; aber die einzelnen Fächer müssen mit Holz ausgefüttert und mit Rähmchen versehen sein, und das ist es eben, was die Sache kostspielig macht für den, der nicht selbst Tischlerarbeit versteht.

Hof eignet sich dazu und ein Landmann hatte viele Stöcke in seinem Hofe an den Wänden seines Hauses, sogar über der Thür, jedoch in einer Höhe von 8—10 Fuß, aufgestellt, wobei freilich das Behandeln derselben erschwert ward. Bald wird man sich auf die, bald auf jene Weise helfen und ein Bienenhaus ersparen können. Wer aber ein solches haben will, der richte es sich nach seinem Beutel und seiner Bequemlichkeit ein und bringe unmittelbar hinter den Stöcken Thüren an, die zugleich die Rückwand des Hauses bilden und die letztere überflüssig machen. Da kann man, wenn man die Thüren öffnet, zu den Stöcken kommen und bedarf keines besondern Ganges hinter den Bienen. Der Platz vor dem Stande ist mit Sand zu überziehen und von Unkraut rein zu erhalten. Gewöhnlich giebt man den Bienenhäusern eine gewisse Tiefe und benutzt dieselbe zu Aufbewahrung von leeren Bienenstöcken und Geräthschaften. Es ist das aber ganz verkehrt, denn es werden dadurch nur Näscher angelockt, und die Tiefe befördert die den Bienen so schädliche Zugluft. Man bewahre daher namentlich Körbe, die schon gebraucht sind, fern vom Bienenstande auf.

Der Stand sei warm gelegen, mehr in der Tiefe, und nicht auf einer Höhe; besonders gegen den West- und Nordwind geschützt. Es ist daher gut, wenn Mauern oder Gebäude ihn — nur nicht allzu nahe — umgeben, und wenn ihm Bäume Schatten gewähren; denn die heißen Sonnenstrahlen sind den Bienen zu allen Zeiten, auch im Winter, schädlich. Von 10 Uhr Morgens an dürfen sie denselben nicht mehr ausgesetzt sein. Kann man ihnen keinen Schutz gegen jene gewähren, so stelle man sie lieber rein nach Norden auf. Manche geben ihren Stöcken dadurch Schatten, daß sie Breter auf dieselben legen, die vorspringen; wer aber das thut, der verrücke oder entferne jene ja nicht vor dem Herbste, denn sonst kann leicht eine zur Befruchtung ausfliegende Mutterbiene verloren gehen und auch die Arbeitsbienen werden unsicher im Fluge und verirren sich, wenn sie eine Veränderung an ihren Stöcken und deren nächsten Umgebungen bemerken. Das Ueberziehen der Stöcke mit Schlinggewächsen, die außer jenen Nachtheilen auch noch ein Schlupfwinkel für Spinnen sind, ist zu unterlassen.

Man stelle die Stöcke wo möglich in einer nicht allzu langen Reihe auf und nicht zu nahe neben einander. Am Besten ist es, wenn zwischen dem Rande der Flugbreter zweier neben einander stehender Stöcke noch ein Raum von mindestens einem Fuß bleibt. Zu mehr als zwei Reihen Stöcke über einander rathe ich nicht; und dann dürfen sie immer nicht in gerader Linie über einander zu stehen kommen, sondern so, daß die über oder unter jedem Stocke befindliche Stelle leer bleibt. Die unterste Reihe muß mindestens noch 2—3 Fuß hoch über dem Erdboden sein.

Unmittelbar an Wassern oder Seen dürfen Bienen nie aufgestellt werden und die Hauptsache ist und bleibt immer, daß sie gegen Stürme, Zugluft und glühende Sonnenstrahlen geschützt sind.

Werden diese Regeln befolgt, so befinden sie sich, wie von Berlepsch im Handbuche, S. 221, mit Recht bemerkt, in einem elenden Strohbienenschauer ebenso wohl als im prachtvollsten Bienenpalast; denn auch darauf, nach welcher Himmelsgegend hin sie den Ausflug haben, kommt nicht so viel an als man früher glaubte. Das geht schon daraus hervor, daß die Ansichten der Bienenwirthe hierüber so verschieden sind *); denn daraus folgt, daß in den verschiedensten Richtungen gute Resultate erzielt worden sind.

*) Die meisten Schriftsteller, z. B. Spitzner, Unhoch, Knauff, Ripstein, Christ, Ritter, von Ehrenfels, Klopfleisch und Kürschner, Hofmann, Kirsten, Hecker und Vitzthum, sind für die südöstliche Lage; englische Bienenwirthe, sowie Staudtmeister, Riem, Mussehl, der Verfasser der Goldkörner, von Berlepsch und ich für die Ostlage. Fast alle aber, sowie Ruffiny,

Der Morgenseite gebührt offenbar der Vorzug, ihr steht die Mitternachtsseite am Nächsten und die schlechteste ist die Abendseite, da sich die Strahlen der Abendsonne von den Stöcken gar nicht abwenden lassen, wenn nicht hohe Gebäude Schutz gewähren.

## VIII.

## Von den Wohnungen der Bienen und den zu ihrer Behandlung erforderlichen Geräthschaften.

Ueber die verschiedenen Wohnungen der Bienen könnte man ein Buch schreiben; denn fast jeder schriftstellernde Bienenwirth hat sein Schooßhündchen, das sich durch irgend eine Verbesserung auszeichnen soll, und in der Bienenzeitung sind eine Menge solcher Wohnungen beschrieben, von denen gar manche bald zu den Antiquitäten gehören werden, wie die Christ'schen Magazinkästen und andere mehr. Ich werde nur das Nothwendigste über diesen Gegenstand sagen; denn nicht die Wohnung, sondern die Behandlung der Bienen ist die Hauptsache.

Die Wohnungen sind ihrer Form nach theilbare und untheilbare, je nachdem sie aus Theilen oder aus einem untheilbaren Ganzen bestehen, welches aber doch in der Regel einen besondern, und, wenn es ein Lagerstock ist, zwei Deckel hat. Man unterscheidet ferner stehende (Ständer) und liegende Wohnungen (Lager). Bei Ständern gebe ich der runden Form den Vorzug, doch wird auch die viereckige von achtbaren Bienenwirthen, namentlich von Rohde, empfohlen.

Ganz besonders beachtenswerth ist aber der Unterschied

---

Raschig und Fuckel, stimmen darin überein, daß in den heißen Tagen Schatten den Bienen sehr zuträglich sei.

zwischen Wohnungen mit theilbarem und Wohnungen mit untheilbarem Wabenbau. Zu jenen gehören die Dzierzonstöcke*), die der Freiherr von Berlepsch dadurch verbessert hat, daß bei ihm die ganze Wohnung mit einzelnen Rahmen ausgefüllt ist, von denen jeder eine Wachstafel enthält, während sich sämmtliche Waben in einem besondern Fache (Behälter) befinden. Diese Rahmen erleichtern offenbar die Behandlung, wenn man die einzelnen Waben herausnehmen will, um die Beschaffenheit des Bienenvolks im Innern zu untersuchen, oder Honigtafeln wegzunehmen, oder Ableger zu machen.

Diese Stöcke mit theilbaren Waben bieten, es läßt sich das nicht läugnen, dem geübtern Bienenwirth große Vortheile dar; ich kann sie aber nicht so hoch anschlagen, wie die Verehrer dieser Art Wohnungen thun, und jedenfalls werden dieselben durch die Kostspieligkeit der Wohnungen und durch die Schwierigkeit der Behandlung für den, dem es an der erforderlichen mechanischen Geschicklichkeit und an Zeit fehlt, aufgewogen.

Sie haben besonders den Vortheil, daß man sich über das Dasein einer Mutterbiene und den Grad ihrer Fruchtbarkeit zu jeder Zeit durch Herausnahme der einzelnen Waben unterrichten kann, und der würde unersetzlich sein, wenn nicht neuere Beobachtungen gelehrt hätten, daß man durch ein Auseinandernehmen der Waben leicht dazu Veranlassung geben könne, daß die Bienen ihre eigene Mutter umbringen.

Das Einstellen von leeren Wachswaben (zum Behuf des Eintragens von Honig in dieselben) kann man durch Aufsätze ersetzen, die man den Stöcken giebt und die mit leerem

*) Eine für den Laien verständliche Beschreibung dieses Stockes läßt sich nicht geben; seine Construction ist außerordentlich verschieden, denn Dzierzon selbst hat wohl 20 unter einander verschiedene Stöcke bekannt gemacht; von Berlepsch, S. 229, 2, der Verbesserungen Anderer nicht zu gedenken. Die Beschreibung des von Berlepsch'schen Stockes siehe in dessen Handbuche a. a. O.

Wachsbau versehen sind, und das Ablegermachen, wobei man aus verschiedenen Stöcken Bienen, Honig- und Bruttafeln zu einer neuen Colonie vereinigt, wird durch das weit einfachere Abtreiben der Schwärme entbehrlich gemacht. Oekonomisch betrachtet verdienen daher die Stöcke mit theilbarem Wabenbau durchaus nicht die Beachtung, die man für sie beansprucht. 10 leere Dzierzonwohnungen kosten 40—50 Thaler, für diesen Preis kauft man 8—10 gute bevölkerte Bienenstöcke — nun wählet!

Es ist ausgemacht und von den erfahrensten Bienenwirthen anerkannt, daß die Ständer vor den Lagern den Vorzug verdienen, weil die Bienen in jenen einen wärmeren Sitz haben und darum weit weniger zehren als in diesen, auch besser überwintern. Haben zumal die Lager den sogenannten warmen Bau (wo man die Waben auf der breiten Seite vor sich sieht, wenn man die Stöcke öffnet), so sind die Bienen in harten Wintern bisweilen dem Erfrieren oder Verhungern ausgesetzt, weil sie sich von einer Wabe zur andern begeben müssen, um wieder zu Honig zu gelangen. Mir ist ein solcher Fall zwar nie vorgekommen; dagegen zehrten sie im Winter bedeutend mehr als die Ständer.

Zweifellos ist es, daß die theilbaren Stöcke vor den untheilbaren den Vorzug verdienen; denn bei jenen kann man jede Wohnung nach der Größe und dem Bedürfniß des Volks gestalten. Es ist das um deswillen sehr wichtig, weil kleine Schwärme eine große Wohnung nicht vollbauen, schwache Völker in einer solchen im Winter zu kalt sitzen und ihnen die Vertheidigung gegen Feinde durch einen zu großen Raum erschwert wird. Endlich ist bei theilbaren Wohnungen Nichts leichter, als einem Stocke, der seinen Ausstand nicht hat, den nöthigen Vorrath an Honig zu geben; man setzt ihm einen Kranz (Ring) mit Honig auf und ist alles weitern Fütterns überhoben.

Es ist nun noch die Frage zu beantworten:

Ob die Wohnungen aus Holz oder Stroh bestehen sollen? *)

Aus Stroh! ist schon der Billigkeit des Materials wegen zu antworten, aber auch um deswillen, weil sie die leichtesten, wärmsten und dauerhaftesten sind, indem sie weder bersten noch sich werfen.

Ueber die Höhe und Weite der einzelnen Theile der Strohwohnungen, sowie darüber, daß man sich zur Zuzucht kleinerer Wohnungen, zur Herstellung von Honigstöcken größerer, namentlich weiterer bedient, habe ich schon oben gesprochen und verweise dorthin (s. Abschnitt V), indem ich nur noch bemerke, daß die Strohkränze recht dick und accurat gefertigt sein müssen; daß in jedem derselben ein $1\frac{1}{2}$—2 Zoll langes, $\frac{1}{3}$—$\frac{1}{2}$ Zoll hohes Flugloch eingeschnitten sein, ferner jeder 4—6 Zoll hohe Kranz (Ring) in der Mitte zwei kreuzweise unmittelbar übereinander liegende Querhölzer bekommen, und jeder Stock, Ständer, sein besonderes Flugbret haben muß. — Passen die einzelnen Kränze nicht genau auf einander, so muß man sie anfeuchten und pressen.

Mancher wird vielleicht fragen: Was er mit den kleinen Stöcken anfangen solle, wenn er es zu einer Normalzahl von 10 oder mehr Honigstöcken gebracht habe? — Antwort: Man verwendet sie zu Aufsätzen auf die Honigstöcke und die wannenförmigen Lager.

Zur Erläuterung dienen nachstehende Abbildungen:

Fig. 8 ist ein aus drei Theilen A A A (Kränzen, Ringen) bestehender Ständer, von denen jeder ein Flugloch hat. In jedem Kranze, und zwar in der Mitte desselben, sind zwei über

*) Bei Weitem die Meisten sind für Stroh, nämlich Spitzner, Knauff, Ritter, von Ehrenfels, Bitzthum, Kirsten, Klopfleisch, Kürschner, Hofmann. Für Holzwohnungen sind Christ, Fuckel, Wollenhaupt und vor Allen Dzierzon. Von Berlepsch unterscheidet wohl am Richtigsten zwischen den Wohnungen mit unbeweglichen und beweglichen Waben, und giebt bei jenen dem Stroh, bei diesen dem Holz den Vorzug.

das Kreuz liegende Stäbe (Querhölzer) angebracht. Fig. 9 ist der Deckel mit der Oeffnung a, die 4—6 Zoll im Durchmesser halten muß und auf die wieder ein kleinerer Deckel gehört.

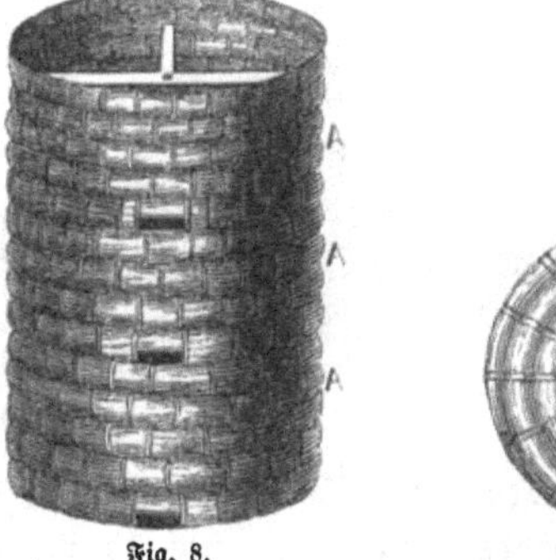

Fig. 8.

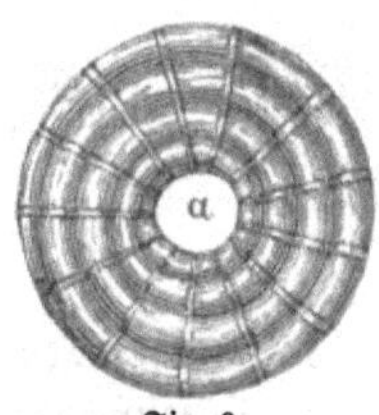


Fig. 9.

Fig. 10 ist ein untheilbarer conisch geformter Lagerstock.

Fig. 10.

Fig. 11 ein aus drei Theilen (a b c) bestehendes gleichweites Lager. Fig. 12 der Einsetzdeckel zu Fig. 11, mit der

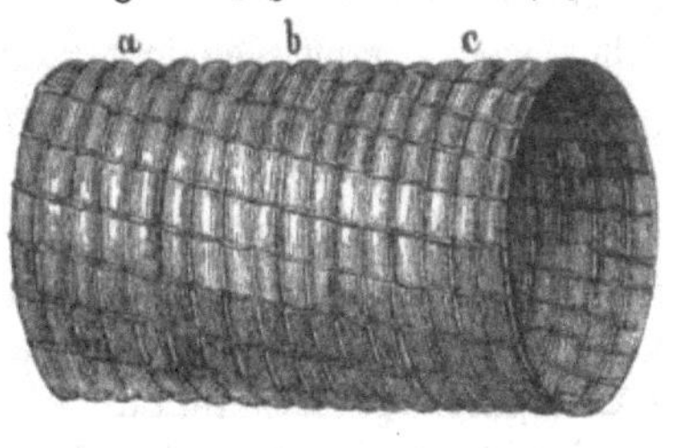


Fig. 11.

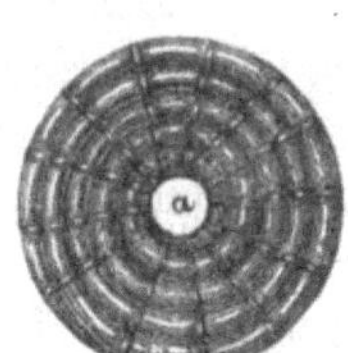


Fig. 12.

Oeffnung a in der Mitte und dem Flugloche b, das im Rande des Deckels eingeschnitten ist. Die Oeffnung a kann zum Lüften benutzt werden und 4—6 Zoll im Durchmesser halten.

Fig. 13.

Fig. 14.

Fig. 13 ist ein sogenannter Thorstock; die Querstäbe a a halten beide Seitenwände zusammen. Fig. 14 ist eine zum Aufsetzen bestimmte Vitzthum'sche Kappe mit einem Stöpsel im Spundloche.

Weit zweckmäßiger als alle obigen Lager sind ovale Lagerstöcke von Stroh, von welchen Fig. 15 eine Abbildung beigegeben ist. Sie müssen einen abnehmbaren Deckel und ein besonderes Flugbret haben. Sie sind fester und dauerhafter als die sogenannten Thorstöcke, und eignen sich trefflich dazu, um Aufsätze (Kappen) vollbauen zu lassen. In dem Deckel müssen eine oder zwei runde Oeffnungen, 6—8 Zoll im Durchmesser haltend, sich befinden, von denen jede ihren besondern Deckel hat. Im Stocke müssen vorn und hinten Fluglöcher, oder im Flugbrete muß vorn und hinten ein Flugloch eingeschnitten sein, damit, wenn man in der einen Hälfte des Stocks die Waben wegen ihres Alters einmal ausschneidet, der Stock herumgedreht werden kann. Der den ganzen Korb bedeckende Strohdeckel muß, um ihn leicht ablösen zu können, biegsam und darum dünn sein und auf 4—5 Querstäben ruhen, damit er von dem Aufsatze nicht eingedrückt wird. Zu diesen Querstäben genügen ebenso, wie zu den Querstäben in jedem Kranze der Ständer, Haselruthen, die man schält und die im frischen Zustande sehr biegsam sind. Die Länge des Stocks kann 2—2½ Fuß, die Höhe 1 Fuß und die Breite 1½ Fuß betragen. Der Brutstand in solchen Stöcken läßt sich, ein großer Vorzug, leicht untersuchen.

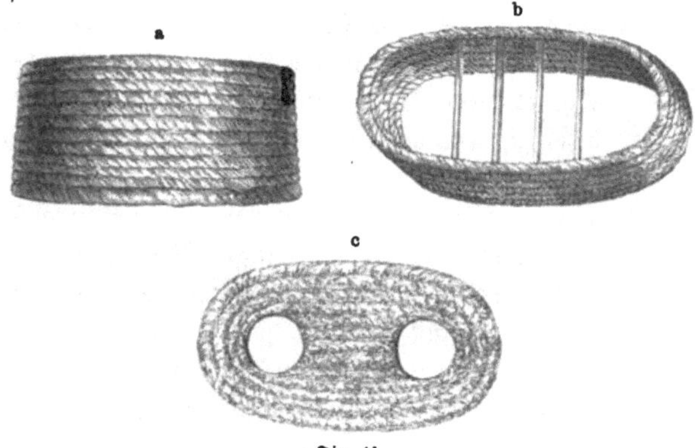


Fig. 15.

Und nun noch einige Worte über Bienengeräthschaften.

Eine Bienenkappe empfehle ich jedem Anfänger, wollene Handschuhe, diese Last in der heißen Schwarmzeit, stelle ich freiem Belieben anheim.

Klammern von Eisen oder starkem Draht bedarf man zum Anheften der einzelnen Strohkränze an einander; doch bedienten sich mehrere Landleute blos hölzerner Nägel zu diesem Zweck; denn die Bienen kitten die Kränze fest an einander an. Nägel oder hölzerne Pflöcke dienen zur Befestigung der größern und kleinern Strohdeckel; eiserne Nägel zur Verwahrung der Fluglöcher gegen die Mäuse, indem man jene durch den Rand des Strohkranzes in das Flugbret einsticht. Man bedarf ferner dichtgeflochtener Gitter von dünnem Draht zur Lüftung und eines Kittes von Lehm und frischem Kuhmist zum Verstreichen der Lücken.

Hat man keine strohenen Deckel mit Oeffnungen und

man will einem Stocke gern einen Aufsatz geben, so nimmt man im Nothfall ein Stück Bret und schneidet in die Mitte desselben ein 4—8 Zoll im Durchmesser haltendes Loch, setzt den Aufsatz auf dasselbe und befestigt ihn mit einigen Nägeln daran; dann bricht man den Deckel von dem Stocke, der den Aufsatz erhalten soll, ab, und setzt das Verbindungsbret mit dem Aufsatze darauf, indem man alle Fugen wohl verschmiert. Paßt der abgenommene Deckel auf den Aufsatz, so wird er auf diesen befestigt, weil der daran klebende Honig die Bienen anlockt.

Zum Einfangen von Schwärmen, die sich hoch angesetzt haben, dient ein mit einer Gabel befestigter Reif, an welchem ein Sack von leichtem wollenen Zeuge hängt, der unten blos zugebunden ist und 4 Fuß lang sein muß. Die Gabel wird an das Ende einer langen Stange befestigt und man bringt nun den Sack dicht unter den Schwarm, worauf man mit einem an einer andern Stange befestigten Haken den Ast, an welchem der Schwarm hängt, abschüttelt und so in den Besitz desselben gelangt. Der Sack mit den Bienen wird auf die Erde gelegt, unten aufgebunden und die neue Wohnung vor die Mündung desselben auf Keilchen gestellt, worauf die Bienen einziehen. Solche drei Zoll lange dreieckige und stumpfgekantete Keilchen, die hinten 2 Zoll hoch sind und nach vorn spitz zulaufen, sind auch beim Untersetzen unentbehrlich, damit keine Bienen gequetscht werden.

Auf der folgenden Seite befindet sich eine Abbildung des Schwarmfangsackes. A und B Fig. 16 stellen den Schwarmfangsack dar. a a ist der Reif, an welchem der aus Gaze oder einem ähnlichen Stoffe bestehende 2½ Ellen lange Sack befestigt ist, b b die Gabel, in welcher der Reif bei c c befestigt ist; die Gabel muß bei d 1 Fuß oder ¾ Fuß vom Reife entfernt etwas gekrümmt sein, damit man den Fangsack bequemer unter den hängenden Schwarm bringen kann. e e ist der Sack, f f die Stelle, wo er zusammengebunden

Fig. 16.

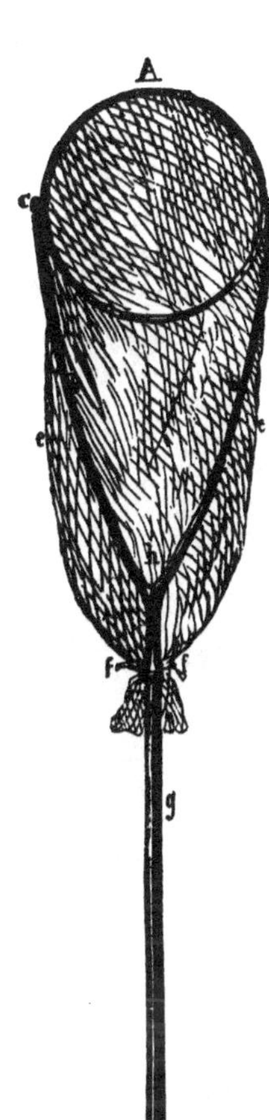


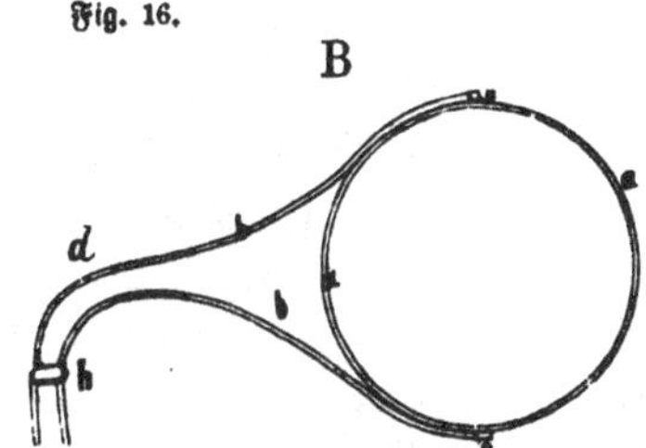


ist, g die Stange, die bei h an die Gabel befestigt werden kann, indem man das Ende dieser an das Ende der Stange fest anbindet. Reif und Gabel können auch von starkem Draht sein, und die Gabel kann am Ende eine Oese haben, in welche die Stange eingesteckt und daran befestigt wird.

Für entbehrlich halte ich den Schwarmfang oder das Schwarmnetz, welches besonders von Ehrenfels anwendete, und welches er auf großen Bienenwirthschaften, damit nicht viele Vorschwärme zusammen fliegen, für nothwendig hält. Sowie der Schwarm im heftigsten Auszuge begriffen und schon ein Theil der Bienen heraus ist, wird es schnell dicht vor dem Flugloche angebracht, so daß alle schwärmenden Bienen nebst der Königin in dasselbe gerathen; sodann wird es weggenommen und man läßt die Bienen in die neue Wohnung einlaufen. Die Vorrichtung besteht in einem Drahtgestelle, das genau an das Flugloch passen muß und sich gleich vor demselben in einen weiten Schlauch gestaltet, der mit Filet überzogen sein muß. Die

Beschreibung ist bei Ehrenfels und eine andere von Pause in der Bienenzeitung von 1850, S. 3, zu finden, ebenso bei von Berlepsch, S. 379. Kaden in der Bienenzeitung von 1851, S. 37, verwirft das Schwarmnetz, und ich stimme ihm bei; denn dem Erfahrenen macht es unnütze Mühe, und der Unerfahrene kommt nicht damit zurecht und vereitelt oft den Schwarmauszug obendrein. Es folgt indessen hier eine Abbildung (Fig. 17).

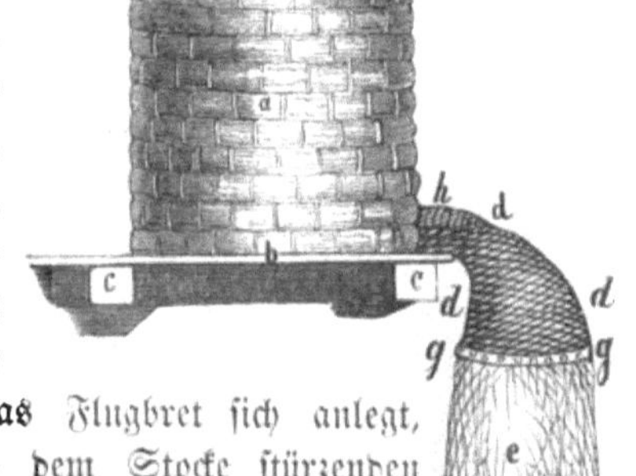

Fig. 17.

a ist der Stock, welcher schwärmt, b das Flugbret, auf dem er steht, c c sind die Pfosten, auf welchen dasselbe ruht. d d d ist das Drahtgestelle, welches über dem Flugloche angebracht wird und unten dicht an das Flugbret sich anlegt, so daß keine der aus dem Stocke stürzenden schwärmenden Bienen herauskommen kann; es hat eine trichterartige Form, an welcher bei g g der Sack von Gaze oder Filet e angenäht wird, der bei f offen, beim Gebrauche aber zugebunden ist. Das Gestelle wird bei h mittelst Nägeln an den Stock befestigt, die in den letztern eingestochen werden. Der weitere Behälter e e kann ebenfalls aus Draht bestehen.

Auch des von dem Herrn von Berlepsch S. 303 abgebildeten und beschriebenen Doppelstandbretes, auf welchem zwei Ständer neben einander Platz haben müssen, habe ich mich nicht bedient. Es dient zur Herstellung einer Verbindung zwischen zwei Stöcken, und diese wird dadurch vermittelt, daß in seiner Mitte der Länge nach ein verdeckter Kanal ist, dessen innere Höhe ½ Zoll, dessen Breite 2½ Zoll und dessen Länge 12 Zoll ist. Läßt man diesen Kanal nun offen und stellt zwei Stöcke neben einander, und zwar jeden auf die Hälfte des ganzen Bretes, so steht jeder auf einer der beiden Oeffnungen des Kanals und die Bienen beider Stöcke können zu einander kommen. Den besondern Schieber in der Mitte des Kanals, zu dessen Verschließung, halte ich für überflüssig, da man, wenn man will, eine oder beide Oeffnungen des Kanals jederzeit verstopfen kann, wobei man den einen oder andern Stock blos aufzuheben braucht. Die nachfolgende Abbildung (Fig. 18) stellt das von Berlepsch'sche Verbindungsbret dar. aa sind die ausgehöhlten Oeffnungen, die

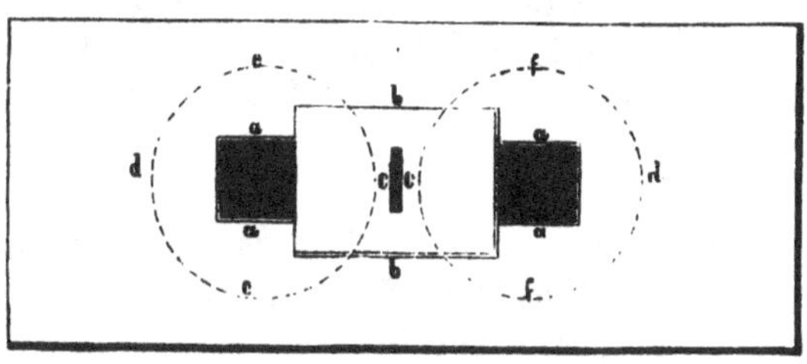


Fig. 18.

den Eingang zu dem Kanale bilden, welcher durch das Bretchen bb überbrückt ist; cc ist die Oeffnung, in welche ein Schieber eingeschoben werden kann, der den Kanal in zwei Hälften theilt und durch den derselbe ganz oder auch nur so gesperrt werden kann, daß den Bienen die Passage aus ihrem Stocke zu einem auf das Verbindungsbret gestellten Behälter (oder Stock) gestattet ist. Die Kreislinien dd bezeichnen die Stellen, auf welchen der Stock und der Behälter stehen, die mit einander in Verbindung gesetzt werden sollen. Das Bretchen bb, welches die Decke des Kanals bildet, muß in das Verbindungsbret so eingelassen sein, daß es mit demselben eine gleiche Fläche bildet. Kommt der Behälter über die Oeffnung cc zu stehen, so bleibt diese unverschlossen. Wäre aber z. B. der Stock e der bevölkerte und f der Behälter, den die Bienen mit Honig anfüllen sollen, und dieser käme nicht über die Oeffnung c c zu stehen, so muß in diese ein kürzerer Schieber kommen (ein darauf gedrückter Klumpen Lehm thut dieselben Dienste), damit die Bienen in den Behälter gelangen und doch Raubbienen durch die Oeffnung c c von außen nicht eindringen können.

Zur Bändigung der Bienen bedarf man oft des Rauches, zu dessen Erzeugung verfaultes Holz, leinene Lumpen und Wermuth sich am Besten eignen. Für den, welcher nicht raucht, ist die hier Fig. 19 abgebildete Rauchmaschine be-

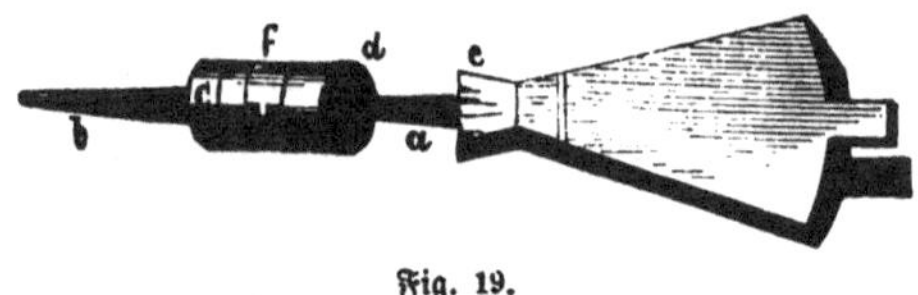


Fig. 19.

sonders zu empfehlen. Der Blasebalg hat bei a eine an ihn festgemachte Röhre, die in die Kohlenkapsel geschraubt, oder auch nur gedreht wird, und b ist ein vorn in jene Kapsel befestigtes dünnes Rohr. Damit beim Einziehen der Luft durch die Röhre a keine Funken in den Blasebalg, und beim Ausströmen des Rauchs durch die Röhre b keine Funken in den Bienenstock fahren, müssen durchlöcherte Bleche bei c d und e in den beiden Röhren angebracht sein. f ist die zu verschließende Thür der Kohlenkapsel, die man, wenn man nicht operirt, geöffnet lassen muß, daß das glimmende Feuer nicht ausgeht.

Zum Beschneiden der Waben bedarf es zweier Messer,

Fig. 20.

eines vorn im rechten Winkel krumm gebogenen zweischneidigen, Fig. 20, und eines geraden, vorn wie ein Meißel geformten, mit denen man die Wachs- und Honigtafeln durchschneidet. Fig. 21. Jedes der beiden Messer muß vorn 1½ Zoll breit sein.

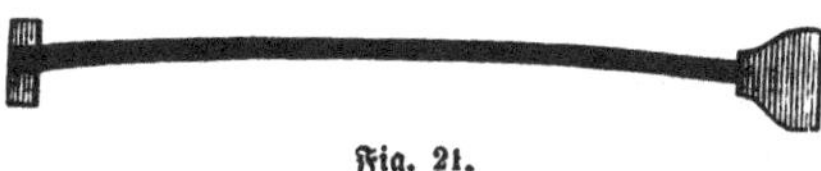

Fig. 21.

Fig. 22 ist eine mit zwei Griffen versehene Drahtsaite, deren man zum Durchschneiden der vollgebauten Kränze der

Fig. 22.

Stöcke bedarf, und die man so durchziehen muß, daß der Druck auf die scharfe Seite der Waben, nicht auf die breite Seite derselben erfolgt. Vorher muß der zwischen den Fugen befindliche Lehm weggemacht und es müssen vorsichtig zwischen den Kränzen Keile eingetrieben werden, daß Zwischenraum zum Einbringen der Drahtsaite entsteht.

Noch sind zum Heben der Strohriesen zwei Doppelhaken (Fig. 23) nöthig; jeder muß mit einem Griffe versehen sein, so daß

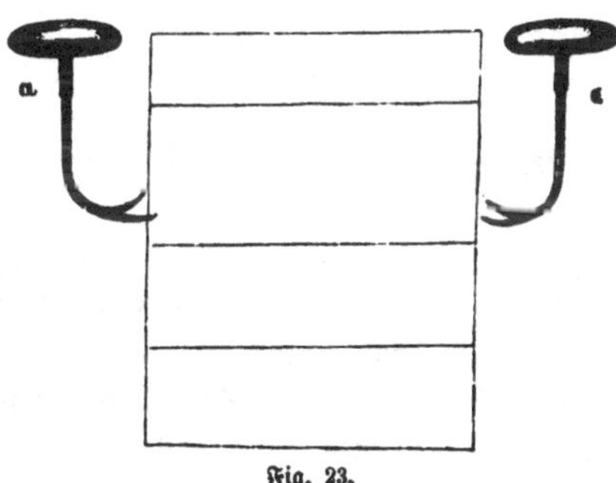


Fig. 23.

er einem Stiefelanzieher gleicht, und an jedem befinden sich zwei in einem eisernen Stiel zusammenlaufende gekrümmte Haken, die man in einen der obern Strohkränze, in denen die Schwere liegt, einsticht. Mittelst dieser Haken, dergleichen die Küper und Aufläder haben, kann man sehr schwere Stöcke aufheben, die man aber, damit man sie nicht zerreißt, erst vom Flugbret trennen muß.

Sehr zweckmäßig, besonders wenn die Bienen eines Stockes böse gemacht sind, ist ein gekrümmter Trichter, dessen Ende, Fig. 24 a, man behutsam in das Flugloch des Stocks hineinschiebt, während man oben 1—2 Eßlöffel Honig einfüllt, der nun auf das Flugbret des Ständers läuft. Es geschieht in der Abenddämmerung, wo die Bienen nicht mehr fliegen. Hat man das zwei Abende gethan, so sind die Bienen fromm wie die Lämmer. Neigt sich das Flugbret des Ständers nach vorn zu, so legt man vorn unter dasselbe zwei Keilchen, so daß es sich nach hinten zu neigt, damit der flüssige Honig nicht aus dem Flugloche herausläuft. Die Bienen lecken die geringe Quantität sogleich auf, ohne daß etwas davon an das andere Ende des Stocks gelangt.

Fig. 24.

## IX.

## Die Vermehrung der Bienen.

Schon im fünften Abschnitte bemerkte ich, daß die Vermehrung der Bienen blos das Mittel zum Zweck, nicht Zweck selbst sein dürfe. Sie muß daher eingestellt, ja sogar verhindert werden, sobald man die Anzahl von Bienenstöcken erlangt hat, die man sich zum Ziele gesteckt hat. Hält man diesen Grundsatz nicht unerbittlich fest, so wird man nie zu reichen Honigernten gelangen, sondern die Honigernte, die die nichtschwärmenden Stöcke geben, den Mutterstöcken und Schwärmen zu ihrer Erhaltung wieder zutheilen müssen. Die

Zahl der Stöcke vermehrt sich ja wohl durch das Schwärmen, aber nicht die Quantität, sondern die Qualität derselben bringt allein sichern Gewinn; eine unregelmäßige Betriebsweise, wo der Züchter von den Bienen, nicht diese von ihm abhängen, ist eben das Gebrechen der Zeit und bringt den Ruin der Stände hervor. Es giebt allerdings Jahre, wo die Bienen auch in honigarmen Gegenden sehr zum Schwärmen hinneigen; es sind das aber nicht die honigreichsten Jahre, denn in diesenincliniren die Bienen bei ihrem vorherrschenden Triebe, Honig einzutragen, gerade selten zum Schwärmen, und es ist ganz falsch, wenn Manche sagen, die Bienen leite hierbei ein sicherer Instinct; denn gar oft schlägt in den nächsten Tagen das Wetter um. Es muß daher, mag nun ein Stock mit oder gegen unsern Willen schwärmen, derselbe von seinem Standorte weggesetzt und der Schwarm auf seinen Platz gestellt werden.

Schon im fünften Abschnitte habe ich bemerkt, daß man, wenn man Vermehrung der Bienen, sei es durch natürliche Schwärme oder Ableger, bezweckt, die Stöcke anders behandeln müsse, als wenn man sie zu Honigstöcken bestimmt, und ich habe dem dort Gesagten Nichts weiter beizufügen, als daß die Vermehrung sich stets nur auf einen Schwarm (den Vorschwarm) beschränken und daß man alles Nachschwärmen verhüten muß. Dies gilt nicht allein von honigarmen, sondern auch von solchen Gegenden, die in der Regel eine gute Honigtracht gewähren. Nur die Gegenden ersten Ranges mögen hiervon eine Ausnahme machen, aber jene trifft man nie da, wo der Ackerbau in hoher Blüthe steht. In allen solchen Landstrichen muß daher unerschütterlich an dem Grundsatze festgehalten werden, den Bienen nie das Nachschwärmen zu gestatten, mag der Vorschwarm ein natürlicher oder künstlicher sein. Geschieht das nicht, so ist von der Bienenzucht kein Nutzen zu hoffen; vielmehr artet sie in ein unregelmäßiges, zum Verderben führendes Geschäft aus, das Zeit und Geld kostet, aber Nichts einbringt. Das lehrt die Erfahrung unwiderleglich.

Hat nämlich ein Stock geschwärmt, so erfolgen in der Regel Nachschwärme, aber das Nachschwärmen geht fast nie einen regelmäßigen Gang. Wenn man die Schriften unserer Imker, selbst sehr erfahrener, liest, so denkt man, die Sache ginge wie an einer Schnur, und sie wollen fast auf den Tag wissen, wann die Nachschwärme kommen; aber gerade das Gegentheil ist der Fall und es herrscht beim Nachschwärmen die größte Unordnung, wovon ich mich vielfach überzeugt habe. Da soll beim ersten Nachschwarme immer nur eine junge Königin sein, weil die andern in ihren Zellen bewacht würden und nicht herausspazieren dürften; aber das ist gar oft nicht der Fall, denn ehe der erste Nachschwarm wirklich auszieht und sich anhängt, setzt er oft mehrmals zum Schwärmen an und geht wieder zurück, ohne sich anzulegen. Es entsteht dadurch ein Tumult innerhalb des Stocks, bei welchem immer reife junge Königinnen aus den Zellen entschlüpfen, wodurch eben die Ordnung im Innern aufhört, indem sich um jede ein Anhang bildet. Mich hat der erste Nachschwarm oft mehrere Tage gefoppt, indem er an einem Tage drei bis vier mal auszuschwärmen begann und sich immer wieder zurückzog. Theilweise befanden sich die schwärmenden Bienen in der Luft und spritzten den Honig, den sie eingesogen hatten, in hellen Strahlen von sich. Wenn nun aber nach vielem Foppen der Auszug endlich erfolgt und der Schwarm sich anzulegen beginnt, so sind wir auch da noch keineswegs am Ziele, wie ich schon im fünften Abschnitte gezeigt habe. Das Nachschwärmen ist daher eine Zeit- und Honigvergeudung und weiter Nichts; ja es ist einer rationellen Behandlung schnurstracks zuwider.

Es muß daher, wie ich schon bemerkt habe, dadurch verhütet werden, daß man den Stock, der geschwärmt hat, oder dessen Vorschwarm abgetrieben worden ist, auf einen andern

Platz, den Schwarm aber auf die Stelle des Mutterstocks stellt; es gilt also dieser Grundsatz bei natürlichen und künstlichen Schwärmen, weshalb er hier näher zu erörtern zu erörtern ist. Daß durch dessen Anwendung das Nachschwärmen, sehr seltene Ausnahmen abgerechnet, verhütet wird, steht durch ältere und neuere Erfahrungen fest; auch bestreitet Niemand, daß der Vorschwarm in Folge des Verstellens sehr viel Volk erhält und darum sich besser stellen muß als jeder andere Vorschwarm, von dem überdies immer Bienen auf ihren Mutterstock zurückkehren, wenn dieser an seiner alten Stelle stehen bleibt. Nur die Frage kann daher entstehen: ob jenes Verfahren nicht dem Mutterstocke nachtheilig ist, da dieser fast alle Bienen, die, welche die Brut belagern, ausgenommen, einbüßt und einige Tage den Flug völlig einstellt; aber nach meinen langjährigen Erfahrungen, die ich schon in der Bienenzeitung von 1846, S. 38 und 51, constatirte, ist dieses nicht der Fall und kann es nicht einmal sein, da vom Abgange des Vorschwarms an drei Wochen lang täglich gegen 1000 junge Bienen auslaufen und ein Paar tausend Bienen, welche die Brut belagern, zurückgeblieben sind. Darum ist auch ein Erkalten und Verderben der letztern nicht zu befürchten, zumal da die Brut eine außerordentliche Lebenszähigkeit hat und in der Schwarmzeit die Temperatur die wärmste ist. Merkwürdig ist, daß mir von 1835 an, von wo ich dieses Verfahren beobachtete, ein so verstellter Stock nie weisellos wurde; aber nothwendig ist, daß man das Verstellen sofort in der Stunde des Schwärmens vornimmt. Mehrmals gelang es mir, die beim Schwarmauszuge herauskommende alte Mutterbiene wegzufangen; sogleich stellte ich, nachdem alle schwärmenden Bienen aus dem Stocke gezogen waren, eine leere Wohnung, in die der Schwarm kommen sollte, auf die Stelle des erstern und ließ, als der wieder zurückkehrende Schwarm in seine alte Wohnung einziehen wollte und sich auf die neue leere geworfen hatte, die Königin in diese laufen, womit der Schwarm ohne weitere Mühe eingefangen war. Nur ein einziges Mal ist mir das Verstellen*) verunglückt, weil ich es mehrere Stunden nach dem Einfangen des Schwarmes, also zu spät, vorgenommen hatte; es entstand nämlich Beißerei zwischen den Bienen beider Stöcke. Herr von Berlepsch räth, auf das Stopfenloch des verstellten Mutterstocks einen nassen Lappen zu legen und diesen stets naß zu halten, weil die Bienen zur Bereitung des Futtersaftes für die Brut Wasser bedürften; ich habe diese Vorsichtsmaßregel, weil ich sie gar nicht kannte, niemals angewendet, und dennoch stellten sich die versetzten Mutterstöcke ausgezeichnet gut.

Herr von Berlepsch räth ferner: man solle den abgeschwärmten Mutterstock an die Stelle eines andern starken Stocks, der nicht geschwärmt habe und auch nicht schwärmen solle, stellen; dann werde der Mutterstock so viel Bienen bekommen, daß er noch einen starken Nachschwarm gebe. Das heißt aber: die Nachschwärme nicht verhindern, sondern befördern, und das ist wider das Princip, welches von Berlepsch selbst gutheißt. Nur das will ich bemerken, daß bei den vielen Mutterstöcken, die ich verstellt habe, nicht ein einziger volkarm, geschweige denn zu volkarm geworden ist, und daß jeder im nächsten Jahre sich ganz vortrefflich gestellt hat. Sagt doch von Berlepsch selbst: der Mutterstock werde sich

*) Dieses Verstellen finde ich, als sicheres Mittel der Verhütung der Nachschwärme, empfohlen von Riem im Praktischen Bienenvater, 1793, §. 46; von Christ, § 82; von Raschig, S. 79 und 286; insbesondere von von Berlepsch, Handbuch, S. 380, der es für honigarme Gegenden als durchaus nothwendig schildert. — Fast alle Bienenwirthe erklären das Nachschwärmen für eine wahre Plage, und alt ist schon die Erfahrung, daß Stöcke, die mehrere Nachschwärme gegeben haben, sehr oft weisellos werden. Staudtmeister, Bienenlehre, 1798, §. 49; Riem a. a. O., §. 45. Auch ich habe dieses vielfach beobachtet. Daß, wiewohl äußerst selten, der verstellte Mutterstock doch noch einen Nachschwarm giebt, haben Riem und von Berlepsch a. a. O. erlebt; bei mir war es nie der Fall.

in den meisten Fällen erholen, auch weit seltener weisellos werden als wenn er auf seinem Platze geblieben wäre, und vielleicht noch mehrere Nachschwärme gegeben hätte!

Das Resultat von dem Allen ist, daß die Vermehrung der Bienen in allen cultivirten Gegenden sehr beschränkt werden und ganz aufhören muß, sobald ein Bienenwirth auf die Normalzahl von Stöcken, die er sich halten will, gekommen ist; an eine Honigernte ist sonst nicht zu denken.

## A. Das freiwillige Schwärmen der Bienen.

Nur honig- und volkreiche Stöcke geben zeitige und gute Schwärme, und ein Hauptmittel der Beförderung des Schwärmens ist die speculative Fütterung im Frühjahr, sowie Beschränkung des Raumes. Doch hierüber habe ich schon im fünften Abschnitte das Erforderliche mitgetheilt, weshalb ich hier nur einige speciellere Bemerkungen beifüge.

1.

Klopfleisch und Kürschner, sowie von Berlepsch im Handbuche, S. 356, sprechen von unvorbereiteten Vorschwärmen, d. h. von solchen, die vor der Ansetzung und Bedeckelung von königlichen Zellen ausziehen. Da bei solchen Schwärmen aber ebenfalls und zwar regelmäßig Nachschwärme zum Vorschein kommen, und sie immer eine Ausnahme von der Regel bilden, so habe ich über dieselben mich zu verbreiten eben so wenig Ursache, als über die Miniaturschwärmchen, deren von Berlepsch a. a. O. gedenkt, und die im Frühjahr und Spätsommer bisweilen erscheinen sollen. Von diesen letztern sind Spitzner blos zwei, von Berlepsch nur einer vorgekommen. Auch bei mir zog im April ein Schwärmchen aus und hing sich an noch unbelaubte Baumzweige in der Form einer Kugel, die nicht größer war als ein tüchtiger Apfel, dann zog es wieder in seinen Stock ein; nach ein Paar Stunden zog es wieder aus und hing sich von Neuem an. Nun untersuchte ich seine Wohnung und fand keine Biene, keinen Honig und keine Brut mehr darin. Es war also das ganze bis auf eine Handvoll Bienen zusammengeschmolzene Volk aus Mangel ausgezogen und es handelte sich um gar keinen Schwarm in eigentlichen Sinne, sondern nur um einen sogenannten Bettelschwarm, der kein Schwarm ist, sondern ein herabgekommenes Bienenvölkchen, das seine Wohnung verläßt und sich bei einem andern Stocke einzubetteln sucht, wo es meistens abgestochen wird. Wer schwache Schwärme überwintert, erlebt bisweilen bei aller Vorsicht dergleichen Schwärmchen; das meinige zog fort und blieb verschwunden.

2.

Sichere Zeichen, daß und wann ein Stock schwärmen werde, giebt es nicht; Regel ist aber, daß sich die Bienen erst vorlegen, wobei sie bald den ganzen Korb überziehen, bald in Klumpen herabhängen; das dauert aber bisweilen die ganze heiße Jahreszeit hindurch und sie schwärmen doch nicht. Selbst, daß gegen 10 Uhr Drohnen fliegen, daß sich die mit Honig und Höschen beladenen Bienen nicht in den Stock, sondern zu den vorliegenden Bienen begeben, und daß einzelne Bienen, ihren Hinterleib schüttelnd, auf und unter dem vorliegenden Haufen wie toll umherlaufen, sind noch keine sichern Kennzeichen, daß der Schwarm an demselben Tage ausziehen werde. Das sicherste ist, wie von Berlepsch mit Recht sagt, wenn sich die vorliegenden Bienen oder ein großer Theil derselben plötzlich und schnell in den Stock zurückziehen, um sich voll Honig zu saugen; aber dieses Zeichen hilft nicht viel, denn nach wenigen Minuten beginnt der Act des Schwärmens, und jenes Zeichen ist, wenn wir bei den Bienen sind, überflüssig, während wir es, wenn das Letztere nicht der Fall, gar nicht bemerken. Die Hauptsache ist: Aufpassen! Uebrigens bemerkt man sogleich, daß ein Stock geschwärmt hat. Er liegt nicht mehr vor und fliegt viel schwächer als vorher. Man sehe sich nur um, und der Schwarm wird sich meistens in der Nähe des Standes an einem Baume oder Strauche hängend finden, da sich die Schwärme immer erst anlegen, bevor sie davon ziehen. Das Alles gilt blos von Vorschwärmen; denn vor dem Abgange der Nachschwärme hört man fast immer erst ein Tüten der jungen Mutterbienen und man muß da von Morgens bis Abends Achtung geben, weil es mit dem Abzuge der Nachschwärme meistens viel schneller geht als mit dem der Vorschwärme; auch gehen jene leichter durch als diese, weil die jungen Mutterbienen viel flüchtiger sind als die alten. Bisweilen dauert das Tüten mehrere Tage und es erfolgt doch kein Nachschwarm, wie denn ein solcher selten vor dem neunten Tage, vom Abzug des Vorschwarms an gerechnet, erscheint. Es dauert oft wochenlang, ehe die Bienen das Nachschwärmen einstellen; ein sicheres Kennzeichen hiervon ist aber, wenn man, was am frühen Morgen am Leichtesten zu bemerken ist, vor den Mutterstöcken (auf dem Flugbrete oder dem Erdboden) todte oder halbtodte junge, mehr oder weniger reife, Mutterbienen findet, oder wenn junge Königinnen aus den Stöcken entfliehen und in der Luft herumfliegen. Hebt man dann einen solchen Stock in die Höhe, so wird man auf dem Bodenbrete und zwischen den Waben Klumpen von Bienen finden, in deren Mitte junge Mutterbienen den Erstickungstod erleiden.

Sind keine Bäume in der Nähe des Bienenstandes, so rathen mehrere Bienenwirthe, in einer Entfernung von 10—20 Schritten von jenem ½—2 Fuß hohe Stangen aufzurichten und an denselben in einer Höhe von 8—12 Fuß Stücke von Eichen- oder Fichtenrinde zu befestigen, deren rauhe Seite nach unten kommen muß. An diese Rinde, die gleichsam ein Dach bildet, sollen sich die Schwärme gern anhängen. Damit sich das 1½—2 Fuß im Quadrat haltende Stück Rinde nicht wirft, werden einige querlaufende Stück Latten oben an dasselbe angeschlagen. Nebenstehende Abbildung (Fig. 25) zeigt eine Vorrichtung, wo das Stück Rinde nicht am Ende der Stange befestigt ist, sondern an Bindfaden in der Schwebe hängt, und mittelst eines in einer Rolle laufenden Strickes herabgelassen werden kann. Weit einfacher ist es, die Rinde oben an der Stange zu befestigen, die Stange selbst aber an einen eingeschlagenen Pfahl festzubinden. Hängt nun ein Schwarm daran, so bindet man die Stange los und läßt sie behutsam zur Erde nieder, wo man dann die Schwarmbienen in die ihnen bestimmte Wohnung kehrt. Noch bequemer ist es, wenn man an die Stange oben mittelst eines Stricks einen Bienenkorb bindet, dessen offener Theil nach der Erde zu sich befindet. Ist er schon bebaut gewesen, so werden die Bienen durch den Geruch angezogen und der Schwarm zieht in denselben ein. Diesen letztern Versuch habe ich mehrmals gemacht, er ist mir aber, da in der Nähe meiner Bienenstände Bäume waren, doch nur ein Mal gelungen.

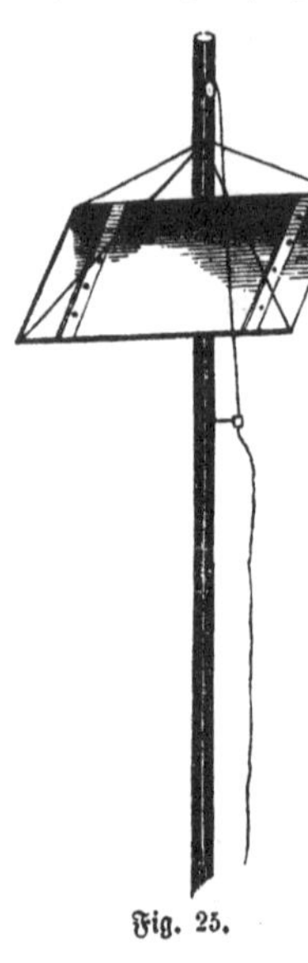
Fig. 25.

## 3.

Daß man Wohnungen in Bereitschaft haben muß, in die man die Schwärme bringt, versteht sich von selbst; aber gehen denn diese nicht oft durch? Es ist das bei Vorschwärmen ein äußerst seltener Fall; aber auch bei Nachschwärmen kommt er bei einiger Aufmerksamkeit nicht häufig vor, weil sich die Bienen nach ihrem Instinct erst sammeln und in einem Klumpen an einem Gegenstande, am Liebsten an einem Schatten gebenden Baume, anlegen, ehe sie durchgehen. Hier hängen die Vorschwärme stunden-, ja tagelang, ohne durchzugehen; sie bauen sich sogar bisweilen zwischen den Zweigen an. Mir kam der Fall vor, daß ein Vorschwarm auszog und daß die Königin sich unter dem Flugbrete ihres eigenen Stocks (an dessen Rückseite nach der Erde zu) mit dem Schwarme anlegte. Zwischen beiden Pfosten, auf denen das Flugbret ruhte, hing die große Schwarmtraube, es flogen von derselben Bienen ab und zu, und es waren am andern Morgen schon einige kleine Wachstafeln gebaut. Ich brachte den Schwarm in einen Korb und fand die bei ihm befindliche Königin.

Das Spritzen unter die Bienen, ehe sie sich anlegen, ist unnütz und sogar schädlich, weil der Schwarm dadurch zur Umkehr veranlaßt werden kann; nach dem Anlegen fängt man ihn aber sogleich ein und stellt ihn sofort auf seinen Platz, ohne ihn länger als eine halbe Stunde auf dem Schwarmplatze stehen zu lassen. Nach den ersten Jahren ließ ich meine Spritzbüchse leck werden und es ist mir nie ein Schwarm durchgegangen; dem Herrn von Berlepsch sind bei seiner großen Zucht nur zwei Erstschwärme davon geflogen, so daß er selbst sagt: es habe mit dem Durchgehen nicht viel zu sagen. Schlimmer ist es, zumal bei großen Zuchten, mit dem Zusammenfallen mehrerer Schwärme; doch das schlägt

4.

in die Lehre vom Einfangen der Schwärme ein, für die sich besondere Regeln nicht geben lassen. Die Hauptsache ist, daß man ganz ruhig und mit fester Hand dabei zu Werke geht, namentlich beim Abkehren der Bienen mit einem Federwisch. Diesen muß man von Zeit zu Zeit naß machen und mit ihm, wenn der Schwarm an einen Pfosten oder Baumstamm sich angelegt hat, den Strich stets nach oben hin führen. Hat er sich zu hoch angelegt, so bediene man sich des Schwarmsacks. (Siehe Abschnitt VII.)

Mehrere Bienenwirthe bedienen sich beim Wegnehmen eines Schwarms, der sich an einen unbeweglichen Gegenstand, namentlich einen Baumstamm, angelegt hat, eines hölzernen Löffels, wie er nebenstehend Fig. 26 abgebildet ist, ich ziehe aber einen Federwisch vor, weil die Bienen durch den letztern weit weniger Quetschungen ausgesetzt sind.

Fig. 26.

Ein ganz runder Löffel ist jedenfalls besser als ein mit einem halbrunden Ausschnitte (siehe die Andeutung auf der Abbildung) versehener, da dieser bei glatten Gegenständen, z. B. Mauern, und auch dann nicht paßt, wenn die Stärke des Baumes dem Ausschnitte in dem Löffel nicht entspricht.

Das Zusammenfliegen mehrerer Vorschwärme anlangend, so kommt es bei meiner Betriebsweise fast nie vor, da nur wenige Stöcke schwärmen dürfen und Nachschwärme durch Verstellen verhütet werden; bei kleinen Ständen ist es überhaupt selten. Kommt es aber vor und es fliegt

a) ein Vorschwarm und ein Nachschwarm, oder es fliegen mehrere Nachschwärme zusammen, so fängt man sie in eine Wohnung ein und stellt sie so lange, bis sie sich beruhigt haben, an einen kühlen, dunkeln Ort, wobei man dafür sorgt, daß sie gehörige Luft haben, und am andern Tage stellt man das nun vereinigte Volk auf die Stelle, die es erhalten soll. Fliegen aber

b) mehrere Vorschwärme zusammen und man will sie nicht beisammen lassen — wozu ich aber, da sie einen sehr guten Stock geben werden, dem Anfänger rathe —, so muß man folgendergestalt verfahren:

Man stellt so viel leere Körbe, als Vorschwärme zusammeugeflogen, auf einen ebenen Platz, am Besten eine Scheuertenne, und unterlegt jeden mit Keilchen, so daß die Bienen in die Körbe laufen können, und dann schüttet man vor jeden eine möglichst gleichmäßige Partie Bienen, jedoch nicht mit einem Male, sondern abwechselnd bald vor diesen, bald vor jenen leeren Korb, damit die Königinnen eher auseinander kommen. Die einzelnen leeren Körbe stelle man möglichst weit entfernt von einander, sonst laufen alle Bienen in einen derselben und die Theilung mißlingt. Haben sich aber durch unser Verfahren die Schwarmbienen in so ziemlich gleichen Massen in die verschiedenen Körbe begeben, so stelle man sie, und zwar jeden abgesondert, an einen dunkeln Ort und beobachte sie. Verhalten sie sich ruhig, so ist die Theilung gelungen und man stellt jeden Schwarm im Freien auf; wo nicht, so muß sie wiederholt werden, bis sie gelingt; es werden aber dann nur die Bienen des Korbes, welcher sich ruhig verhält und in welchem sich sonach die verschiedenen alten Königinnen befinden, wieder vor den andern Körben hingeschüttet. Wenn mir blos zwei Schwärme zusammenflogen, so schritt ich nie zur Theilung; aber als mir einmal drei Vorschwärme zusammenflogen, nahm ich jene auf einem großen runden Gartentisch vor, auf den ich drei Körbe gestellt hatte; der Erfolg entsprach aber nicht meinen Wünschen, denn der größere Theil der Bienen zog in einen Korb und der übrige Theil kroch von der Tischplatte herab und legte sich an dem einen Tischbein an, wo ich denselben dann als Schwarm einfing; ich erhielt also statt drei blos zwei Schwärme und Kaden (Bienenzeitung von 1845, S. 10) von 16 zusammengeflogenen Schwärmen nur neun Colonien.

5.

Das Vorliegen der Bienen, ehe sie schwärmen, dauert oft wochenlang, und am Ende heißt es doch bisweilen: Hoffen und Harren macht Manchen zum Narren. Das Letztere gilt namentlich von Stöcken, die lange nicht geschwärmt haben; denn die Bienen entwöhnen sich des Schwärmens, wenn man ihnen dasselbe durch Erweiterung des Raumes und Lüften mehrere Jahre nicht gestattet hat. Sollen sie nun aber schwärmen und liegen 14 Tage und länger vor, so ist das höchst langweilig und nachtheilig, weil Tausende derselben feiern und nicht eintragen. Ein von Knauff zur Beförderung des Auszugs des Vorschwarms vorgeschlagenes Mittel, in den Vormittagsstunden gegen 10—11 Uhr ein Stückchen Honigwabe in das Flugloch zu legen, hilft bisweilen, weil das Flugloch durch die zuströmenden, das Stückchen Honigwabe belagernden Bienen verengt wird und dadurch im Stocke Unruhe und größere Wärmetemperatur entsteht, aber keineswegs immer, und es ist daher das Beste, den vorliegenden Stöcken, wenn man jenes unschädliche Mittel fruchtlos angewendet hat, kleine Aufsätze zu geben, die das Schwärmen nicht verhindern und doch den Bienen, wenn sie zu demselben nicht geneigt sind, Gelegenheit geben, die Aufsätze voll zu bauen. Das Abtreiben bleibt uns ja immer übrig.

Das bequemste Mittel, in den Besitz des Vorschwarms zu gelangen, ist das Wegfangen der Königin beim Auszuge des Schwarms. Diese kommt in der Regel aus dem Stocke heraus, wenn ungefähr die Hälfte des Schwarms herausgestürzt ist. Es entsteht da gemeiniglich eine Pause und die Königin erscheint, von wenigen Bienen begleitet, auf dem Flugbret, um abzufliegen. Das geht aber nicht so schnell und man kann leicht ein Glas über dieselbe stellen, unter dasselbe ein Kartenblatt schieben und sie entfernen, worauf nun die letzte Hälfte des Schwarms wie närrisch aus dem Stocke herausstürzt. Sind die letzten Schwarmbienen heraus, so setzt man den Mutterstock auf einen andern Platz, stellt einen leeren, jenem so viel wie möglich ähnlichen, Korb auf seine Stelle, und läßt, wenn der Schwarm auf diesen zurückgeht und er mit Bienen bedeckt ist, die Königin in denselben durch das Spund- oder Flugloch laufen, womit die ganze Sache abgemacht ist.

Oft fällt auch die alte Mutter, weil sie nicht gut fliegen kann, vor dem Stocke nieder, wo sie bisweilen durch einige bei ihr befindliche Bienen verrathen wird, oder kriecht am Bienenhause herum, wie es bei mir mehrere Male sich ereignete. In beiden Fällen verfährt man auf die angegebene Weise.

6.

Nachschwärme müssen durch Verstellung des Mutterstocks mit dem Vorschwarme verhütet werden; aber wie, wenn man das Verstellen verabsäumt hat, oder nicht weiß, aus welchem Stocke der Schwarm gekommen ist? Ueber das Letztere wird man leicht ins Reine kommen (s. diesen Abschnitt Nr. 2), nöthigenfalls dadurch, daß man einige hundert Bienen vom Schwarme in ein Gefäß mit einem engen Halse bringt und die Mündung desselben vor das Flugloch der verschiedenen Stöcke hält. Bei den meisten Stöcken werden sie umkehren und nicht zu den fremden Bienen laufen wollen, während sie in den Stock, dem sie angehörten, mit den Flügeln schlagend unverzüglich einziehen werden. *) Weiß man nun aber auch, aus welchem Stocke ein Nachschwarm gekommen ist, so darf man denselben doch nie wieder mit seinem Mutterstocke vereinigen, denn sonst würde bald wieder ein neuer Nachschwarm kommen; vielmehr muß man stets den Nachschwarm mit seinem Mutterstocke verstellen, wie das schon bei dem Vorschwarme hätte geschehen sollen, wo dann gar kein Nachschwarm erfolgt sein würde.

Wie aber, wenn es uns um Vermehrung unserer Stöcke zu thun ist, und wir gern starke Nachschwärme haben möchten? Denn diese haben den Vorzug, daß sie sicherer als schwache ihren Winterbedarf eintragen.

Zur Erreichung dieses Zwecks hat Herr von Berlepsch

---

*) Andere rathen, man solle eine Hand voll Bienen von dem Schwarme in einiger Entfernung vom Stande in die Luft werfen und Achtung geben, auf welchen Stock sie fliegen; das sei der, welcher geschwärmt habe. Nun wohl, man kann beide Mittel anwenden.

im Handbuch, S. 382, vorgeschlagen, daß man denjenigen Stock, der soeben einen Vorschwarm gegeben hat, auf den Platz stelle, auf welchem ein anderer starker Stock, der nicht geschwärmt hat und auch nicht schwärmen soll, gestanden hat, während dieser Stock einen ganz neuen Platz erhält, wodurch er allerdings viel Volk verliert, aber immer noch Bienen, sowie alle seine Brut und die fruchtbare Mutter behält, so daß er immer besser daran ist, als jeder andere mit seinem Vorschwarme verstellte Mutterstock, dessen alte Mutter mit dem Vorschwarme abgezogen ist. Nun erhält aber der auf von Berlepsch'sche Weise verstellte Mutterstock eine Unmasse von Bienen von dem starken Stocke, auf dessen Platz er gesetzt wurde, und er wird daher einen sehr volkreichen Nachschwarm geben. Diesen verstellt man nun wieder auf meine Weise mit dem Stocke, der ihn gegeben hat, und dieser kommt auf einen neuen Platz.

Pfarrer Kritz schlug in der Bienenzeitung von 1845, Nr. 8, dasselbe, aber nur weiter ausgedehnte Verfahren vor, indem er rieth, den auf obige Weise verstellten Mutterstock, wenn er den ersten starken Nachschwarm gegeben, wieder mit einem andern starken Stocke zu verstellen und ihn zu einem zweiten Nachschwarme zu veranlassen, und so immer mit seinem Verstellen auf die Plätze anderer starker Stöcke fortzufahren, bis einem und demselben Mutterstocke vier und mehr Nachschwärme abgezapft worden seien; allein ich habe gegen diese Methode in der Bienenzeitung von 1846, S. 7, ad II, so erhebliche Bedenken erhoben, daß Kritz, obgleich ich ihn zu deren Beseitigung aufgefordert hatte, darauf nicht geantwortet hat. Das Hauptbedenken ist, daß die Bienen der verschiedenen Stöcke, von denen die einen eine fruchtbare, die andern unfruchtbare Mütter besitzen, und weil sie aus verschiedenen Stöcken sind, einen verschiedenen Geruch haben, sich nicht mit einander vertragen; es wird vielmehr Beißerei entstehen und die Bienen aus den mit einer fruchtbaren

Mutter versehenen Stöcken werden, statt mit den andern gemeinschaftlich zum Schwärmen sich zu einigen, die vorhandenen unfruchtbaren Königinnen umbringen. Diese freilich nur a priori sich ergebenden Bedenken stehen auch dem Vorschlage von Berlepsch's entgegen, erfahrungsmäßig aber noch der, daß wir die Plagerei mit dem Nachschwärmen haben, und daß die Existenz des Mutterstocks, der, nachdem er den starken Nachschwarm gegeben hat, auf einen neuen Platz verstellt worden ist, sehr gefährdet erscheint und sich viel schlechter befinden muß, als der von mir nur einmal verstellte Mutterstock, bei welchem noch 21 Tage hindurch junge Bienen auskriechen und bei welchem die junge Mutter schon nach 8 Tagen wieder fruchtbar sein kann. Der nach von Berlepsch'scher Manier verstellte Mutterstock verliert dagegen nicht nur alle seine eingeborenen Bienen, sondern auch die des starken Stockes, auf dessen Stelle er gestellt worden ist, sowie die in ihm ausgekrochenen Bienen, sobald er den Nachschwarm abgestoßen hat und dieser auf seine Stelle gesetzt worden ist; er büßt daher fast alle Bienen ein und sein Succurs besteht nur noch in der wenigen noch nicht ausgelaufenen Brut, die sich in ihm noch vorfindet.

Hieraus ergiebt sich, daß das Nachschwärmen in der Regel schädlich ist, und alle erfahrenen Bienenwirthe widerrathen wenigstens das Aufstellen der einzelnen Nachschwärme. Statt dessen empfehlen sie die Vereinigung derselben, wo sie bessere Resultate zusichern. So Spitzner, Klopfleisch, Kürschner und Andere. Aber auch diese Hoffnung täuscht sehr häufig und nur die Zersplitterung kräftiger Stöcke in viele Schwächlinge — also der Ruin der Zucht — ist das, was mit Gewißheit zu erwarten ist, wenn man das Nachschwärmen nicht überhaupt verhindert. Fällt doch aber einmal ein Nachschwarm, so stelle man ihn auf den Platz seines Mutterstocks und gebe diesem einen neuen Platz, oder man vereinige ihn sogleich, ohne erst auf einen zweiten Nachschwarm zu warten, mit einem andern Stocke, nur nicht mit dem, aus welchem er ausgezogen ist (vgl. lit. b). Die Vereinigung ist ganz leicht und geschieht auf folgende Weise:

Man fängt den Schwarm in einen Korb und stellt ihn bis zum späten Abend an einen kühlen Ort, der dunkel sein muß. Hat man keinen solchen, so hängt man über den Korb Tücher, sorgt aber dafür, daß die Bienen Luft haben. Inzwischen macht man im Garten ein Loch in den Erdboden *) und zwar von dem Umfange, daß auf den Rand desselben der Korb, in dem sich der Scharm befindet, und der Stock, mit welchem jener vereinigt werden soll, überall paßt. Sobald die Dunkelheit stärker wird, trägt man beide Stöcke an das Loch, setzt den Korb mit dem Schwarme darauf und schlägt mit der Faust auf den Deckel desselben, wodurch alle Bienen mit der Königin hinabfallen. Schnell wird der entleerte Korb weggethan und der andere Stock, zu welchem der Schwarm kommen soll, auf das Loch gestellt; die etwa zwischen dem Erdboden und dem Rande des Stocks befindlichen kleinen Oeffnungen werden mit Erde zugehäufelt, oder ein Tuch darum gelegt, und die Bienen des Schwarms ziehen nun summend und brausend in den obern Stock. Diesen läßt man bis zum andern Morgen stehen, wo man ihn auf seinen bisherigen Platz stellt; ich habe dieses indessen gewöhnlich schon nach einer oder zwei Stunden gethan, weil sich die Bienen dann schon beruhigt hatten.

Hat man keinen Garten, oder regnet es, so nimmt man das Geschäft auf einer Scheuertenne oder einer sonstigen ebenen und glatten Fläche vor, indem man den Stock, zu welchem der Nachschwarm kommen soll, von seinem Standorte

*) Des Loches bedarf man gar nicht, wenn man genau auf einander passende Kränze oder Ringe hat. In zwei leere schlägt man dann die Bienen des Nachschwarms und setzt den Stock darauf, zu dem sie kommen sollen. Alle Fluglöcher, aus denen die Bienen herauskriechen könnten, werden natürlich verschlossen.

wegnimmt und unmittelbar, jedoch mit drei Keilchen unterlegt, damit die Nachschwarmbienen in denselben einlaufen können, auf jene Fläche stellt. Dann stößt man den Nachschwarm auf die angegebene Weise dicht an jenem Stocke nieder, worauf seine Bienen in den letztern einziehen.

Eine Hauptregel beim Vereinigen mehrerer Schwärme in der Schwarmzeit ist die, daß der Schwarm, zu dem der andere gebracht werden soll, schon einigen Bau haben muß; sonst laufen beide Königinnen Gefahr, getödtet zu werden. Ist aber schon Bau vorhanden, so ist in demselben die Königin des Hauptstocks wie in einer Festung geschützt und nur die dazu kommende muß sterben. Diese von Spitzner in der Korbbienenzucht, §. 99, gegebene Vorsichtsmaßregel hat sich bei mir bewährt und bei der jetzt beschriebenen Vereinigungsweise büßt man keine Biene ein. In Thüringen ist sie seit länger denn einem Jahrhundert bekannt und üblich.

## 7.

Nachschwärme sowohl als Stöcke, welche geschwärmt haben, besitzen junge Mutterbienen, die zur Befruchtung ausfliegen müssen, weshalb sie der Gefahr der Weisellosigkeit mehr ausgesetzt sind als Vorschwärme und alte Stöcke, die nicht geschwärmt haben. Den Fall, daß mir ein Vorschwarm weisellos geworden wäre, habe ich nie erlebt; dagegen werden Stöcke, die sich bis zur Ohnmacht abgeschwärmt haben, sehr häufig weisellos. Mutterstöcke und Nachschwärme erfordern daher in der Schwarmzeit die größte Aufmerksamkeit und man darf sich, zumal in den Nachmittagsstunden, nie in den Flug der Bienen stellen, damit sich die zur Befruchtung ausfliegenden jungen Mütter nicht verirren und auf andere benachbarte Stöcke fallen, wo sie sofort getödtet werden. Um solchen Verirrungen derselben vorzubeugen, rathen mehrere Bienenschriftsteller, z. B. Fuckel, S. 37, Klopfleisch und Kürschner, S. 314, man solle jeden Stock, von dem man einen Schwarm erwarte, bei Zeiten und spätestens sobald der Vorschwarm abgezogen ist, über dem Flugloche mit einem besondern Zeichen versehen, den einen mit einem Schilde von weißem, den andern mit einem Schilde von rothem oder schwarzem Papier. Wo die Stöcke von gleicher Gestalt sind und eng neben einander stehen, ist diese Vorsichtsmaßregel sehr zu empfehlen.

8.

Daß es einen großen Vortheil bringt, wenn man den Schwärmen mit Wachsbau versehene Körbe geben kann, habe ich schon wiederholt bemerkt. Man kann denselben auch die Richtung vorschreiben, in der sie bauen sollen, wenn man ihnen Wachswaben, die an den Deckel oder an Stäbchen befestigt sind, einsetzt und denselben eine gleichförmige Richtung giebt. Es ist das besonders bei Lagerstöcken wichtig.

9.

Schließlich muß ich noch einer in der Schwarmzeit häufig vorkommenden Erscheinung gedenken. An Mauern, Gebäuden und hohlen Bäumen bemerkt man eine bald größere, bald kleinere Anzahl Bienen, die an jenen, namentlich an Ritzen und Oeffnungen in denselben, herumschwärmen und kriechen. Es sind das die sogenannten Spurbienen. Auch an leeren Bienenwohnungen bemerkt man dieselben häufig; sie kriechen in dieselben hinein und reinigen sie von dem darin befindlichen Schmutze. Ihre Anzahl vermehrt sich von Tag zu Tage, Abends verlassen sie aber stets den ausgekundschafteten Stock, bezüglich Ort. Wird der ausziehende Schwarm, zu welchem die Spurbienen gehören, nicht bei Zeiten eingefangen, so zieht er in jene ausgekundschaftete Wohnung ein und der Eigenthümer hat das leere Nachsehen. Kann man durch Zeichnen der Spurbienen dahinter kommen, daß sie einem unserer Stöcke angehören, so hat das den Nutzen für uns, daß wir nun bestimmt wissen, daß dieser Stock einen Schwarm geben werde.

## B. Künstliche Schwärme.

Schon Swammerdam sagt in seiner Bibel der Natur, S. 177, daß ein verständiger Zeidler die Kunst besessen habe, sich nach Belieben Weisel und viermal so viel Schwärme zu erziehen, als man sonst in seiner kalten Gegend zu erhalten pflege. Gräwel, in der Brandenburg'schen bewährten Bienenzucht (Berlin 1762, 1773), lehrte das Ablegen durch Abtreiben der Schwärme und Theilung der Magazine, und Schirach gab 1770 über die Kunst, Ableger zu machen, eine besondere Schrift heraus. Dann folgten eine Unzahl Schriften, die das Thema weiter verfolgten und Verbesserungen vorschlugen; doch fast alle sind veraltet und die Methoden zum Theil höchst verderblich, mit alleiniger Ausnahme des Abtreibens der Schwärme.

Der beste Stock zum Ablegermachen ist unstreitig der Stock mit theilbarem Wabenbau; denn da kann man nach Belieben Tafeln mit Brut und Honig herausnehmen, jeden Ableger mit dem nöthigen Bedarf an Brut, Honig und Blumenmehl ausstatten und sofort solche Bruttafeln wählen, an welchen schon Weiselzellen sich befinden und täglich junge Bienen auslaufen; endlich kann man das Material aus verschiedenen Stöcken nehmen, so daß keiner erheblich geschwächt wird.

Der Rath, Ableger auf die Weise zu machen, daß man den Magazinen einzelne Kränze oder Kästchen, in welchen sich Brut befindet, abschneidet, indem man einen Draht zum Durchschneiden gebraucht, führt zu der widersinnigsten Metzelei, die es giebt, indem Bienen und Brut zerquetscht und jene oft so wüthend werden, daß großes Unglück entstehen kann, wenn man auch Theilbleche dazwischenschiebt. Kein Verständiger huldigt dieser Methode mehr. Selbst bei stehenden Wohnungen, die sich vertikal in zwei gleiche Hälften theilen lassen (Birkenstock'sche Ableger) und bei welchen jede Hälfte ihren Theil an Bienen, Honig und Bruttafeln erhält, wird aus der einen oder andern Hälfte oft nichts Rechtes, auch sind die Wohnungen zu theuer. Will man sich aber nur einige davon anschaffen, so ist wieder der Fall möglich, daß die in dieselben gebrachten Völker sich im Frühjahr überhaupt nicht in der Verfassung befinden, um getheilt werden zu können.

Es giebt bei Stöcken mit unbeweglichem Bau nur eine sichere Art, auf künstlichem Wege eine Vermehrung herbeizuführen, und das ist das Abtreiben der Vorschwärme, wenn diese mit ihrem Auszuge zu lange zögern; die Regel aber ist und bleibt, alle Vermehrung einzustellen, sobald man auf eine Normalzahl von Honigstöcken gekommen ist. Die Methode, wie man zu einer solchen mehr oder weniger schnell und sicher gelangen kann, habe ich oben (Abschnitt VII) angegeben. Hat man erst über Honigvorräthe zu disponiren, so daß man mit Honigrosen und leeren Wachstafeln Wohnungen ausstatten kann, so ist die Rekrutirung der etwa eingehenden Honigstöcke am Leichtesten auf die Weise zu bewirken, daß man sich solche Nachschwärme kauft, deren Mutterbienen bereits befruchtet sind, und diese in die möblirten Wohnungen bringt. Und wenn ein solcher Stock mit Zuthaten uns auf drei Thaler zu stehen kommt, so thut man immer besser, diesen Weg einzuschlagen, als selbst den einen oder andern Stock nachschwärmen zu lassen, oder auf die Weise Ableger zu machen, daß man solchen möblirten Wohnungen Brutwaben einsetzt, Bienen zu denselben bringt und auf diese Weise Vermehrung herbeiführt. Es ist das eine Sache, die oft mißlingt, viel Mühe macht und insbesondere das Wegschaffen der Ableger an einen entfernteren Ort, sowie eine fernere Beaufsichtigung der letztern, erfordert. Am

Bedenklichsten ist der in der Bienenzeitung von 1860, S. 78, vorgeschlagene Weg, dergleichen Brutableger erst im Juli zu fertigen, wo Mühe und Geld oft vergeblich aufgewendet sein wird.

Ehe ich zur Beschreibung des Abtreibens schreite, will ich noch erwähnen, daß Knauff die Schirach'sche Methode, Ableger durch Brutwaben zu machen, dadurch zu verbessern suchte, daß er die leere Wohnung, in welche Brutwaben befestigt sind, demjenigen Ständer aufsetzte, dem sie entnommen sind, nachdem er denselben herumgedreht und auf den Kopf gestellt hatte. Passen beide Wohnungen auf einander und man verbindet sie so, daß zwischen beiden keine Lücke bleibt, so zieht sich des Nachts, wo sie auf einander stehen bleiben, ein Schwarm Bienen an die Brut. Am andern frühen Morgen nimmt man beide Stöcke aus einander, setzt den Ableger auf die Stelle des Mutterstocks und giebt diesem einen neuen Platz, wobei Alles ohne Unruhe von statten gehen soll. Auch diese Art des Ablegens ist nicht zu empfehlen, da der Ableger (der Theil, der nicht die alte Mutterbiene, sondern blos etwas Brut und Bienen hat) selten geräth und die Weiselerzeugung oft nicht gelingt. Selbst wenn man den Bienen eine oder einige bedeckelte Mutterzellen giebt, beißen sie diese nach dem Verstellen oft vor Ungeduld aus, ehe die jungen Königinnen die gehörige Reife erlangt haben.

Eine ähnliche Methode empfiehlt Ritter bei Lagerstöcken, selbst wenn sie aus einem untheilbaren Ganzen bestehen. Man nimmt ihnen nämlich den Deckel vorn ab und setzt einen mit Brutrosen versehenen Ansatz daran. Nach 8—10 Tagen soll man ihn wieder wegnehmen und einen schon eingebauten Schwarm darin haben, worauf die Verstellung erfolgt.

Indessen auch dieser Weg hat mancherlei Bedenken gegen sich; denn wenn sich die alte Mutter bei dem angebauten Schwarme befindet, so kann der Hauptstock leicht weisellos werden, weil die Brut in demselben zur Weiselerzeugung zu alt wird und Weiselzellen sich in ihm oft nicht vorfinden werden, weil das Brutgeschäft hauptsächlich in den angesetzten Kränzen betrieben worden ist. Befindet sich aber die alte Mutter nicht in den letztern, so hat der Ableger weder Honig noch eine Mutter und muß sich erst eine solche erbrüten, weshalb sein Gedeihen sehr in Frage gestellt ist.

Will man durchaus Ableger mittelst Theilung der Stöcke machen, so befolge man folgende Methode: Man setze einem honig- und volkreichen, mit vieler Brut versehenen Stocke einige mit leeren Waben versehene Kränze, zusammen gegen 10—12 Zoll hoch, unter und zwar so, daß die Wachstafeln des Hauptstocks mit denen des Untersatzes über das Kreuz zu stehen kommen. Hat man dieses, je nach der Witterung, zu Ende des April oder zu Anfang des Mai gethan, so wird zu Ende dieses Monats oder in den ersten Tagen des Juni in den zum Ableger bestimmten beiden Kränzen viel Brut eingeschlagen sein. Nun treibt man gegen Mittag an einem schönen Tage durch Einblasen von Rauch und durch Klopfen die in den Untersätzen etwa verweilende Königin in den Hauptstock hinauf, und trennt mittelst eines zwischen diesem und dem zum Ableger bestimmten Untersatz (oder Untersätzen) eingesetzten Meisels beide auseinander. Die Hauptsache ist, daß die Königin in dem Hauptstocke bleibt, und daß dieser auch noch genug bedeckelte Brut behält, damit er nicht, da er einen andern Platz bekommt und sehr viel Volk dadurch verliert, zu volksschwach werde. Den Ableger bringt man auf die Stelle, wo der Mutterstock bisher gestanden hat, setzt jenem aber einen Kranz oder ein Kästchen mit Wabenhonig auf; denn der Hauptstock hat den Honig und der Ableger das Volk und die meiste Brut. Jenem sowohl als diesem wird ein Kranz untergesetzt, und es ist sehr gut, wenn die Kränze mit leeren Waben versehen sind. Hat der Hauptstock zu wenig bedeckelte Brut, so thut man wohl, wenn man ihn, nachdem man eine gehörige Partie Bienen zu ihm hat fliegen lassen, auf einen $^{3}/_{4}$ Stunden entfernten Platz versendet, oder ihm neben dem Ableger, jedoch nicht zu nahe an demselben, seinen Platz anweist, denn sonst laufen die Bienen desselben bisweilen in den Hauptstock zurück. Hiernach ist in honigarmen Gegenden das von Haller in der Bienenzeitung von 1860, S. 224, vorgeschlagene Verfahren zu berichtigen.

Ich schreite nun zur Beschreibung des Abtreibens der Schwärme.

Man setzt gegen 4 Uhr Nachmittags dem abzutreibenden Stocke einen oder mehrere zusammengeklammerte Strohkränze oder Kästen, die leer sein müssen, unter. Ihre Höhe kann zusammen 1 Fuß betragen und sie werden mit dem abzutreibenden Stocke durch Klammern verbunden. Gegen 9 Uhr Abends werden sich die Bienen, die vorgelegen haben, in den leeren Untersatz gezogen haben. Nun dreht man den ganzen Stock um und stellt ihn auf den Kopf, nimmt das Flugbret, welches jetzt seinen Deckel bildet, weg und befestigt auf den leeren Untersatz einen Strohdeckel, der ein Stopfenloch in der Mitte hat. Den Stopfen (Stöpsel) zieht man aus, damit die Bienen Luft haben, und befestigt auf die Oeffnung ein Drahtgitter. So läßt man ihn bis zum andern Morgen 4—5 Uhr früh stehen, wo man den Stopfen wieder in die Oeffnung des Deckels steckt und das Abtreiben vornimmt. „Ich darf des Morgens", sagt Knauff (Behandlung der Bienen, S. 207), „nur ein wenig mit den Fingern am untersten vollen Korbe rund herum klopfen, so zieht sich der Schwarm in die Höhe und hängt sich in der leeren Wohnung an." So gut und schnell geht aber die Operation selten, und man muß sogar bisweilen Rauch zu Hülfe nehmen, wenn die Bienen nicht aufwärts in den leeren Korb rücken wollen. Die Hauptsache ist, daß man mit zwei etwas schweren Klopfern, ähnlich den Trommelklöpfeln, rings um den Stock und zwar von dessen Kopfe aufwärts trommelt und zwar so, daß der Wabenbau im Innern etwas erschüttert wird. Es wird immer von unten nach oben zu, erst 5—6 Zoll, geklopft, dann ein Paar Minuten angehalten, indeß man sich durch das Ohr überzeugt, ob die Bienen sich hinaufziehen, worauf man durch das Brausen derselben, wenn es von unten nach oben hin sich zieht, schließen kann. Hört man, daß oben in dem leeren Stocke das Brausen sich concentrirt und nach unten zu sich mehr verloren hat, so läßt man beide Stöcke noch zwei bis drei Minuten ruhig stehen, hebt dann den obern mit dem Abtreiblinge ab und setzt diesen, mit Keilchen unterlegt, auf ein schwarzes Flugbret, auf welchem man nach ein paar Stunden Eier finden wird, das sicherste Zeichen, daß die alte fruchtbare Mutterbiene bei dem Abtreiblinge ist. Die Eier sind weiß, länglich und gleichen denen der Schmeißfliegen. Sobald man sich hiervon überzeugt hat, stellt man den Abtreibling auf den Platz, auf welchem der Mutterstock gestanden hat, und giebt diesem eine andere Stelle. Die Hauptsache ist beim Trommeln, daß die Schläge von der Stärke sind, daß sie die Bienen im Innern spüren, aber dennoch die Erschütterung nicht zu stark ist; daß man, sobald das Hinaufziehen der Bienen beginnt, bisweilen eine oder zwei Minuten pausirt, und daß man, wenn man mit dem Klopfen nach oben zu vorrückt, immer da wieder anfängt, wohin die letzten Schläge gefallen sind. Der Anfänger thut immer wohl, er läßt sich das Abtreiben erst zeigen und nimmt es unter Aufsicht eines darin erfahrenen Bienenwirthes vor.

Ist die alte Mutter nicht bei dem Abtreiblinge, was man bald an der Unruhe der Bienen bemerkt, die außerdem leise und ruhig summen, so muß man das Abtreiben sofort wiederholen, bis sie in den leeren Stock zu den abgetriebenen Bienen sich begiebt. Hilft auch das nicht, so stellt man den abgetriebenen Stock wieder auf seine Stelle, öffnet ihm das Spundloch und setzt den Abtreibling darauf, worauf sich dessen Bienen wieder in den Hauptstock zurückziehen.

Und nun noch folgende Regeln:

1) Das Abtreiben der Schwärme wende man nur dann an, wenn die Bienen schon wochenlang vorgelegen haben, der Stock schwer ist und bei demselben sich schon Drohnen in größerer Zahl zeigen; jedenfalls ist es besser, einige Tage länger zu warten, als zu früh das Abtreiben vorzunehmen. Der Stock muß Brut bis auf das Bodenbret haben, und auch des Nachts muß ein Klumpen Bienen noch vor dem Flugloche bis zum frühen Morgen campiren. Das beweist, daß der Stock übervoll an Bienen ist. Dann aber säume man nicht; denn mit jedem Tage geht sonst Honig verloren, indem die Bienen müßig vorliegen. In honigreichen Jahren ist, will man die Zahl seiner Stöcke vermehren, das Abtreiben sogar nothwendig, weil in jenen der Trieb nach Honig den Trieb nach Brut überwiegt, und bei der Masse von Honig, die die Bienen eintragen, nur wenige Zellen zur Eierlage der Königin übrig bleiben.

2) Bisweilen gelingt es, die alte Mutterbiene wegzufangen, wenn man einem Stocke, der schon voll von Honig und Brut steht, ein Kästchen oder noch besser ein Glas mit leeren Waben aufsetzt, auf welche sich die alte Mutterbiene gern begiebt, um die leeren Zellen mit Eiern zu besetzen. Man muß dasselbe auf die im Deckel des Stockes befindliche Oeffnung (Stopfenloch) stellen, und zwar so, daß die im Glase oder Kästchen befindlichen leeren Waben mit den im Stocke befindlichen in unmittelbare Verbindung kommen. Ueber das Glas wird ein Blumentopf gestellt und Beides am andern Morgen früh behend weggenommen, zugedeckt und untersucht. Hat man die Königin nicht gefangen, so wiederholt man das Experiment an den folgenden Tagen, und macht dann, wenn es nicht

gelingt, den Abtreibling. Hat man sie aber gefangen, so stellt man gegen 10 Uhr Morgens, wenn die meisten Bienen auf dem Felde sind, den Stock, zu dem sie gehört, auf einen andern Stand, und bringt sie mit dem leeren Korbe, der den Ableger bilden soll, auf die Stelle, wo der alte Stock seither gestanden hat; das Kästchen oder Glas, in welchem sie sich befindet, setzt man aber der neuen leeren Wohnung auf. Man ist dann der Mühe des Abtreibens überhoben. Noch leichter geht dieses Wegfangen der alten Mutterbiene bei Lagern, wenn man diesen einen Kranz mit leeren Wachswaben, vorn, wo die Brut befindlich ist, ansetzt und denselben nach ein paar Tagen am frühen Morgen wegnimmt. Bei Ständern läßt sich ein ähnliches Verfahren nur dann anwenden, wenn man sich des von Berlepsch'schen Theilbretes bedient (s. oben Abschnitt VII am Ende), oder wenn in dem Flugbrete, auf welchem der zum Abtreiben bestimmte Stock steht, eine Rinne hinten oder an der Seite eingeschnitten ist, auf welche man das Kästchen mit den leeren Waben stellt, so daß sich die Königin vom Stocke aus in dasselbe begeben kann. Je weiter die Rinne ist, desto leichter geht die Königin hindurch. Am leichtesten gelingt das Wegfangen, wenn der Ständer auf einem 3—4 Zoll hohen Kästchen steht, und dieses hinten oder an der Seite eine bis auf das Bodenbret herabgehende, 3—4 Zoll breite und 2 Zoll hohe Oeffnung hat, an welche man das mit leeren Waben gefüllte, eine gleich große Oeffnung habende Kästchen anfügt. Steht nun der Stock voll Brut, so begiebt sich die Mutter in das Kästchen, um die darin befindlichen Waben mit Eiern zu besetzen, und am frühen Morgen nimmt man jenes mit ihr weg. Dabei muß aber Alles schnell und still vor sich gehen.

3) Können Abtreiblinge, was das Beste ist, nicht in leeren Wachsbau gebracht werden, so muß man sie füttern, wenn schlechtes Wetter oder dürftige Honigtracht eintritt. Man darf sie daher nicht zu früh, wo es noch an Tracht voraussichtlich mangelt, machen. Das Futter, das man ihnen reicht, verzinset sich zehnfach, und überdies ist es unumgänglich nothwendig, daß sie auf ihren vollen Ausstand gebracht werden, nämlich auf mindestens 25 Pfund inneres Gewicht. Bevor man auf die Normalzahl von Stöcken gekommen ist, erfordert es Zuschüsse, und wer hierin knickert — verdirbt. Das Alles gilt auch von natürlichen Schwärmen.

4) Der Stock, in den der Abtreibling gebracht wird, muß in seinem Aeußern dem Mutterstocke so ähnlich wie möglich sein, auch das Flugloch auf derselben Stelle haben, sonst gehen die vom Felde zurückkehrenden Bienen nicht gern hinein und suchen in andere Stöcke einzudringen.

5) Die beste Tageszeit zum Abtreiben sind nach Knauff und von Berlepsch die frühen Morgenstunden; die Bienen sind da noch in Masse zusammen und laufen besser in die Höhe, ja es hat sich schon ein Theil derselben in den Abends vorher auf den Mutterstock gestellten leeren Korb gezogen.

Alle anderen Ableger, die man durch Einsetzen von Bruttafeln und Weiselzellen, sowie durch Beigeben von jungen unfruchtbaren Müttern und durch Zusetzen von Bienen bewerkstelligen will, sind in honigarmen Gegenden, zumal bei Wohnungen mit unbeweglichem Wabenbau, Experimente, die oft fehlschlagen und darum nicht empfohlen werden können.

## X.

## Mittel, zu einer reichen Honigernte zu gelangen.

Von einer reichen Honigernte kann begreiflich erst dann die Rede sein, wenn man auf die Normalzahl der Stöcke, die man als Honigstöcke behandeln will, gekommen ist, denn bis dahin darf man nicht auf Honiggewinn rechnen. Soll dieser aber erheblich werden, so ist vor Allem erforderlich, daß die Stöcke schon frühzeitig, zum Beginn der Rapsblüthe, volksstark sind und zur Zeit der Esperblüthe auf dem Culminationspunkt der Volkszahl stehen. Nur unter dieser Voraussetzung vermögen sie mit Macht Honig zu sammeln, und je kürzer die Zeit der Ernte ist, desto nothwendiger sind starke Bienenvölker; es wird daher oft sehr vortheilhaft sein, die Bienen, um sie zum Brutansetzen zu reizen, im März oder April zu füttern.

Ein Haupterforderniß zur Herstellung von Honigstöcken sind weite Wohnungen, damit den Bienen der erforderliche Raum zum Honigaufspeichern und zur Brut nicht fehlt, und damit sie vom Schwärmen, welches den Honigstöcken durchaus Nichts nutzt, abgehalten werden. Honiggewinn ist das ausschließliche Ziel unseres Strebens. Ein Strohriese, der 15—16 Zoll im Lichten weit ist, kann eine Höhe von 18—20 Zoll erreichen und es kann ihm bei reicher Tracht noch immer ein Aufsatz gegeben werden.*) Manchem Stocke habe ich in einem Herbste 50—60 Pfund Honig abgenommen. Das wird freilich nur unter der Voraussetzung möglich, daß man die Stöcke nie unter 40—50 Pfund innern Gewichts ins Winter-

*) Haben sich die Bienen in den Aufsatz gezogen, an welchem sich ein Flugloch befinden muß, das anfangs verschlossen wird, so öffnet man dasselbe, damit sie auch aus dem Aufsatze fliegen können. Das ist dann besonders gut, wenn der Hauptstock hoch ist.

quartier bringt. Dieses Verfahren bringt hundertfältige Zinsen.

Sehr nützlich ist ein Vorrath an leeren Waben, oder, was noch besser ist, an bebauten Körben oder sonstigen An- und Aufsätzen, in welche die Bienen, ohne erst Wachs bauen zu müssen, den eingebrachten Honig ablagern können; denn dadurch wird ihnen Zeit und Honig, welches Beides zum Wabenbau erforderlich ist, erspart. Das Aufheben des leeren Wachses erfordert wegen der Wachsmotte (Rangmade) Aufmerksamkeit, und zwar besonders während der wärmern Jahreszeit. Das Beste ist, wenn man die leeren Wachstafeln in Kisten aufbewahrt, öfters nach ihnen sieht, sie reinigt und von Zeit zu Zeit ausschwefelt. Im Herbst, Winter und ersten Frühjahr bewahre man sie an möglichst kalten Orten auf. Hat man nun aber keine Behälter, in welchen leerer Wabenbau sich befindet, so thut man wohl, wenn man in die Auf- oder Ansätze ein Stück Honigwabe befestigt, oder, wenn man auch diese nicht hat, den Auf- oder Ansatz mit flüssigem Honig auspinselt, wodurch die Bienen in denselben gelockt und Tafeln bauen werden. Sehr zweckdienlich ist es, wenn man den vom Hauptstock, dem aufgesetzt werden soll, abgebrochenen Deckel, an welchem gewöhnlich noch einige Stückchen Honig- und Wachswaben kleben, auf den Aufsatz legt, so daß er diesem zum Deckel dient. Die Bienen, die den Geruch ihres Stockes und Bruchstücke ihres alten Baues finden, bauen dann viel leichter in den Aufsatz und suchen den leeren Raum schneller auszufüllen. Die Anfänge der Tafeln am Deckel oder Aufsatze müssen aber die Richtung erhalten, daß sie sich mit den im Hauptstocke befindlichen Waben kreuzen; denn sonst wird die spätere Abnahme des Aufsatzes, wenn er voll Honig ist, erschwert, indem die Bienen die Tafeln im Aufsatze mit denen im Hauptstocke zu einem Ganzen wieder verbinden, was dort nicht möglich ist.

Von Berlepsch räth S. 348, in dem Aufsatze eine

ganze leere bis auf das geöffnete Spundloch des Hauptstockes reichende Wabe anzubringen, weil die Bienen an dieser leichter in den Aufsatz sich begeben. Ist das Spundloch nicht zu eng, so ist jene Vorsicht nicht nothwendig, obwohl es natürlich immer sehr gut ist, wenn der Wachsbau im Aufsatze weit herabreicht. Bei Ansätzen ist die Hauptsache die, daß durch eine möglichst große Oeffnung die Communication zwischen ihnen und dem Hauptstocke hergestellt wird; denn durch enge Kanäle begeben sich die Bienen nicht gern in ein neues Lokal.

Kann man keine leeren Waben von solchen, die Nachschwärme austreiben oder abschwefeln, zu kaufen bekommen, so bieten für jene die Mehring'schen Mittelwände der Waben doch wenigstens einigen Ersatz. Sie werden mittels einer vom Tischler Mehring zu Frankenthal in Rheinbayern zu beziehenden Presse gefertigt. Die Wachsblätter (Platten), die die Mittelwände bilden und auf jeder Seite die Böden der Arbeiterzellen enthalten, muß man sich von einem Seifensieder möglichst dünn fertigen lassen; dann führen die Bienen die Zellenwände auf, wozu freilich wieder Honig und Zeit nöthig ist. (Vgl. Mehring in der Bienenzeitung 1859, S. 8 und 68.) Die Mittelwände befestigt man dergestalt, daß man durch sie Stäbchen sticht und diese in die Strohringe einbohrt. (Vgl. Bienenzeitung von 1860, Nr. 6, S. 105, 156, 180—193; Bienenzeitung von 1861, S. 16, 61 und 167.)

In Auf- und Ansätze bauen die Bienen nicht eher, als bis der Hauptstock voll von Honig ist; gleichwohl aber ist räthlich, ihnen jene schon vor diesem Zeitpunkte zu geben, weil sie dann sicherer das Schwärmen unterlassen und sich mit den neuen Räumen bekannt machen.

Bei Ständern sind Aufsätze den Ansätzen vorzuziehen; letztere giebt man denselben an den Seiten und hinten. Zu den Aufsätzen eignen sich recht gut die Vitzthum'schen Kappen von 6 Zoll ungefähr im Durchmesser; starken Stöcken habe ich aber gar oft ganze Körbe aufgesetzt und die Bienen bauten sie voll. Regel ist aber immer, daß die Aufsätze eher zu klein als zu groß sind. Bei den Lagern geschieht das Erweitern auf die Weise, daß man ihnen hinten einen Strohkranz ansetzt und mit Klammern befestigt. Bei Ständern, die rund sind, muß man sich auf andere Weise und zwar so helfen, daß man ihnen ein viereckiges Kästchen von 3—4 Zoll Höhe untersetzt, welches an den Seiten 6 Zoll breite und 2 Zoll hohe Oeffnungen hat, die durch Laden verschlossen sind. Diese bleiben so lange ungeöffnet, als nicht angesetzt werden soll; alsdann werden sie geöffnet und der Ansetzkasten, der an einer Seite eine gleich große Oeffnung wie das Untersetzkästchen haben und genau an die Wände desselben passen muß, wird an der einen Seite oder hinten angesetzt. Auf diese Weise schafft man sich Nutt'sche Flügelkästen. Zweckmäßiger, weil mehr Raum gespart wird, ist das Ansetzen an der Hinterseite; insbesondere auch darum, weil in dem hintern Raum seltener Brut eingeschlagen wird als in den Seitenkästen. Die Hauptsache ist, daß der Hauptstock die gehörige Größe und den erforderlichen Raum zu einem bedeutenden Brut- und Honigvorrathe habe. Der Nutt'sche Hauptstock war zu klein und deshalb wurde das Brutgeschäft in den Seitenkästen (Flügeln) betrieben.

Die Verschlußläden an den viereckigen Untersetzkästen dürfen keine Charniere bekommen, sind größer als die Oeffnungen und werden blos an dieselben gelegt und durch hölzerne Pflöcke befestigt, welche in Löcher gesteckt werden, die schräg in das Kästchen gebohrt sind, so daß sie die Laden halten und anziehen. Die Ansätze selbst werden an den Untersetzkästen durch kleine Haspeln oder auf ähnliche Weise befestigt.

Die nachfolgende Abbildung (Fig. 27) diene zur Verdeutlichung. a a ist das Flugbret, b b der Untersetzkasten, auf welchem der Hauptstock steht, c c sind die Hintersetz- oder Ansetzkästen, d d die Haspeln, mittels welcher sie an den Untersatz b b befestigt werden.

Es versteht sich, daß der Ansatz auf dasselbe Flugbret zu stehen kommt, auf welchem der Hauptstock steht; es bedarf

Fig. 27.

daher beim Gebrauch der Ansätze nach hinten zu (Hintersätze) längerer, und beim Ansetzen von Seitenkästen breiterer Flugbreter.

Theils zur Verhütung des Schwärmens zur Zeit der besten Honigtracht, theils zur Beseitigung der Hitze im Stocke, welche die Bienen zum müßigen Vorliegen nöthigt, ist das Lüften eine Hauptsache. Wie dieses geschieht, habe ich schon im fünften Abschnitte bemerkt; bei Lagern muß natürlich das Drahtgitter ebenfalls bedeckt werden, damit keine Hellung in den Stock dringt. Das geschieht durch Verhängen mittels eines Tuches.

Von selbst versteht sich, daß die Ständer bei guter Tracht aus zwei bis drei Fluglöchern fliegen müssen, damit recht viele Bienen eintragen können und die Luft erneuert wird.

Das Untersetzen ist nicht geeignet, uns Honig zu verschaffen; vielmehr wird solcher dabei vergeudet, indem die Bienen nicht nur Waben bauen, sondern auch Brut einschlagen. Es ist daher dasselbe nicht zu empfehlen, sondern zu widerrathen, den einzigen Fall ausgenommen, wenn man ein Untersetzkästchen braucht, um dem Hauptstocke Ansätze zu geben, und ein mit Wachsbau versehenes nicht besitzt.

Zur Gewinnung einer vermehrten Honigernte dient noch das Versenden der Stöcke in Gegenden, wo es reichliche Tracht giebt (Wanderbienenzucht). (Vgl. Abschnitt III, Nr. 3.) Ueber den Transport einzelner Stöcke habe ich schon im fünften Abschnitt das Nöthige bemerkt, und es ist daher nur noch über die Versendung einer größern Anzahl von Stöcken Einiges zu sagen. Sie geschieht des Nachts, womöglich bei kühlem Wetter, auf Wagen, und es ist jedem Stocke die nöthige Luft zu geben, wie schon Abschnitt V das Nähere angegeben ist. Die Lage der Ständer und Lager ist so, wie ich daselbst angegeben habe; beide sind auf Stroh zu betten, daß die Stöße des Wagens gemäßigt werden, und die aus einzelnen Theilen bestehenden Stöcke sind so zu verwahren, daß sie nicht auseinander gehen, wodurch großes Unglück entstehen könnte. Das gilt auch von den Deckeln und Fluglöchern. Der Wagen muß beim Transport von Ständern senkrecht aufstehende Leitern haben, damit die Stöcke dicht nebeneinander gerade aufwärts zu stehen kommen und nicht umfallen oder hin und her wanken können.

Von dem Transportiren der Stöcke in die Haide schweige ich, weil mir in diesem Bezug die Erfahrung abgeht. Aber auch da, wo es weder Buchweizen noch Haide giebt, muß jeder Bienenwirth darauf reflektiren, ob, wenn bei ihm die Tracht aufhört oder abnimmt, nicht in mäßiger Entfernung Orte sind, wo die Bienen noch gute Nahrung finden, also wo es Sommerrübsamen, Esparsette und Kornhaide giebt. Je honigärmer die Gegend ist, in der man imkert, um so mehr muß man spekuliren, wie man seinen Bienen aufhelfen kann.

Weiter wird, um Honig zu gewinnen, das Austreiben alter schwerer Bienenstöcke empfohlen. Hierfür haben sich Strauß, Knauff und Vitzthum erklärt. Man treibt beim Beginn der besten Honigtracht den Stock aus, faßt die Bienen in eine leere Wohnung, bringt sie auf ihren alten Standort und läßt sie da fortarbeiten; den Honig aus dem alten Stocke macht man sich aber zu Nutzen, oder man setzt den von Bienen entleerten Korb einem andern starken Stocke auf und nimmt jenen im Herbste weg; der zuletzt gedachte Stock aber, das merke man sich wohl, muß honigreich sein, denn sonst tragen die Bienen den Honig aus dem aufgesetzten Stocke in den ihrigen, und wenn man jenen im Herbste wegnimmt, ist nicht mehr viel Honig darin. Der Vortheil, den man bei diesem Verfahren hat, besteht größtentheils darin, daß man ein neues Wachsgebäude erhält, zu dessen Aufführung die Bienen viel Honig und Zeit bedürfen. Hätte man sie in ihrer alten Wohnung gelassen, so würden sie uns denselben Nutzen gebracht, d. h. außer dem in ihrer Wohnung schon befindlichen Honig auch noch den eingetragen haben, dessen sie zur Ausbauung des leeren Korbes bedurften. Ueberdies bleibt bei dem erwähnten Verfahren immer das Risico, daß das in den leeren Korb verpflanzte Bienenvolk oft stark gefüttert werden muß. Weit empfehlenswerther ist es, daß man, wenn man überzählige Bienenstöcke hat, die ältesten und schwersten im Herbste austreibt und das Volk mit andern vereinigt, den Honig sich zueignet, die leeren Waben aber sorgfältig aufbewahrt.

Endlich aber empfiehlt man noch das Verstärken schwacher Völker durch Verstellen mit starken Stöcken. Das kommt mir gerade so vor, als wenn Jemand seinen finanziellen Umständen dadurch aufhelfen wollte, daß er aus einem vollern Beutel, der ihm gehört, in einen ihm ebenfalls gehörigen weniger vollen Beutel eine Summe Geldes thut. Er hat gerade nicht mehr als vorher. Insbesondere ist das Verstellen zur Zeit der besten Honigtracht ein Unsinn, denn da wird dem, der noch schwach an Volk ist, niemals geholfen, und der gute Stock büßt eine große Zahl Arbeiter ein, die viel Honig eingetragen haben würden; denn so viel Pfund Honig mehr der verstärkte Stock einträgt, um gerade so viel Pfund weniger trägt derjenige ein, dessen Bienen jenen verstärkt haben.

Das Verstärken eines schwachen Stockes ist offenbar unnütz und schädlich, weil viele Bienen nutzlos geopfert werden, wenn die Volksschwäche von einer kränklichen oder zu alten und deshalb unfruchtbaren Mutter, oder von einer Krankheit herrührt, und nur dann dürfte es zu rechtfertigen sein, wenn ein Stock durch einen Zufall, z. B. durch Mäuse oder Vögel im Winter, durch einen Fall vom Stande, durch Erstickung, Vergiftung u. s. w. einen großen Theil seines Volks verloren hat, und wenn man bestimmt weiß, daß die Mutterbiene noch lebt und gehörig fruchtbar ist. Das Sicherste ist und bleibt aber immer Vereinigung des volksschwachen mit einem starken Stocke.

Zu der von mir soeben entwickelten Ansicht haben sich die erfahrensten Bienenwirthe erklärt, so Ripstein, Vitzthum, Fuckel, Klopfleisch und Kürschner; von Berlepsch dagegen, S. 347, empfiehlt das Verstellen im Frühjahr, aber freilich unter der Voraussetzung, daß der Schwächling eine gesunde Mutterbiene habe.

Nur eine Art des Verstärkens — zu der es aber ein tüchtiger Bienenzüchter nicht kommen lassen darf — macht hiervon eine Ausnahme, nämlich das Vereinigen von Nachschwärmen mit alten Stöcken oder schon vorhandenen Schwärmen; denn dadurch gewinnt der verstärkte Stock allemal, während die Nachschwärme, wollte man sie einzeln aufstellen, Hungerleider und Todescandidaten für uns bleiben würden.

Von Berlepsch, S. 424, bezeichnet als ein Hauptmittel, eine reichliche Honigernte zu bekommen, Beschränkung der Bienenbrut vom Ende des Juni an. Er nimmt deshalb zu dieser Zeit den Stöcken ihre alten Mutterbienen weg und läßt ihnen junge Mütter erbrüten, während Dzierzon jene in einen Weiselkäfig von Ende Juni bis zum Ende der Tracht eingesperrt wissen will, damit nicht neue Brut eingeschlagen werde. Von Berlepsch will von also behandelten Stöcken durchschnittlich 12—20 Pfund Honig mehr erhalten haben, als von Stöcken, denen er ihre Mutter gelassen hat. Der Aufwand an Honig für die Brut hätte also vom Ende des Juni bis 1. Juli, wo die junge Mutter wieder am Legen, und Brut von ihr vorhanden sein wird, 12—20 Pfund betragen, was mir enorm scheint, da vom Anfang des Juli an die Bienenbrut schon abzunehmen beginnt. Dem sei indessen wie ihm wolle, ein Ausfangen der Königin ist bei den Strohriesen, die Ende Juni vollgestopft von Bienen und Honig sind, unausführbar, und wir müssen bei unserer einfachen Behandlung der Bienen in Stöcken mit unbeweglichem Wabenbau jenen Nachtheil mit in den Kauf nehmen; wir können nichts weiter zur Verhinderung überflüssiger Brut thun, als alles Untersetzen zu unterlassen, mögen die Untersätze mit leerem Wabenbau versehen sein oder nicht.

Sind nun die Auf- oder Ansätze vollgebaut, so nimmt man sie weg, schneidet sie aus und giebt sie dem Stocke, wenn noch Tracht ist, von Neuem, nicht aber setzt man einen vollen An- oder Aufsatz etwa wieder auf oder unter. Das Wegnehmen geschieht auf die Weise, daß man des Abends den Auf- oder Ansatz lüftet, worauf sich die Bienen, durch die Kühle der Nacht veranlaßt, in den Hauptstock ziehen werden. Am andern frühen Morgen werden die in den Auf- oder Ansätzen noch befindlichen Bienen durch Rauch in den Hauptstock zurückgetrieben. Bei dem Wegnehmen der Aufsätze gehe man sehr vorsichtig zu Werke, damit in denselben nicht etwa die Königin zurückbleibt und verloren geht. Durch Klopfen oder Trommeln an den Aufsätzen kann man dieses leicht verhüten, denn bei jeder Erschütterung macht sie sich in der Regel am ersten aus dem Staube.

# XI.

## Weisellosigkeit.

(Vgl. Naturgeschichtliche Bemerkungen I.)

Weisellosigkeit ist der Mangel der Mutterbiene in einer Bienencolonie. Sie droht der letztern nur dann den Untergang, wenn sie sich zu einer Jahreszeit ereignet, wo eine junge Königin nicht mehr erbrütet oder befruchtet werden kann, oder wenn die hierzu taugliche junge Brut nicht vorhanden ist. In ihren Folgen stehen der Weisellosigkeit gleich die völlige Unfruchtbarkeit der Mutterbiene, so daß sie gar keine Eier legt, und die Drohnenbrütigkeit derselben, wo sie in Bienenzellen nur unbefruchtete, sogenannte Drohneneier, legt.

Dieser letztgedachte Fall ist sehr selten; ebenfalls selten ist der Fall, wo die Königin aus Alter oder wegen Kränklichkeit aufhört zu legen, und man eine noch lebende alte unfruchtbare Mutterbiene, oder eine junge unbefruchtete im Stocke vorfindet; der gewöhnlichste ist der, wo die Mutterbiene gänzlich fehlt. Der Abgang der letztern kann aus sehr verschiedenen Ursachen herrühren; sie kann aus Altersschwäche oder Krankheit eines natürlichen Todes sterben, aber auch bei einem unvorsichtigen Beschneiden der Stöcke im Herbst oder Frühjahr eines gewaltsamen Todes sterben, und endlich mit den Auf- oder Untersätzen, in welchen sie sich zufällig befindet, weggenommen werden. Beide Ursachen haben in der Unvorsichtigkeit des Bienenwirths ihren Grund und können vermieden werden. Ist nun bei ihrem Abgange keine taugliche Bienenbrut da, aus der die Bienen eine junge Königin nachziehen können, oder ist die Jahreszeit von der Art, daß es keine Drohnen giebt, oder die Königin zur Befruchtung nicht ausfliegen kann, so wird dieselbe nicht fruchtbar und der

Bienenstamm geht endlich ein. Bisweilen verunglückt auch das Erbrüten einer jungen Mutterbiene dadurch, daß die Nymphe in der Zelle abstirbt, oder daß die Bienen die königliche Zelle zu frühzeitig aufbeißen, während in der Regel die Königin dieses Geschäft selbst verrichtet. Ich habe hier hauptsächlich den Fall vor Augen, wo es sich um Nachschaffung der einzigen vorhandenen Mutterbiene außer der Schwarmzeit handelt, denn schwärmt ein Stock, so sind sehr viele junge Königinnen angesetzt, so daß von den obigen Befürchtungen nicht die Rede sein kann. Aber hier drohen wieder andere Gefahren. Fast alle können jedoch vermieden werden, wenn man den Stock, der geschwärmt hat, auf einen andern Platz und den Schwarm auf die Stelle des erstern stellt; denn ein Vorschwarm wird auch im zweiten Jahre fast nie weisellos, — daher von Ehrenfels den Fortbestand der Bienenzucht hauptsächlich auf Vorschwärme basirt wissen will, — und ein mit dem Vorschwarme verstellter Mutterstock ist mir nie weisellos geworden.

Dagegen tritt Weisellosigkeit fast allemal ein, wenn sich ein Stock bis auf die letzte Gräte abschwärmt. Bei den häufigen Schwarmauszügen und den noch häufigern Schwarmtumulten im Stocke, ohne daß ein Nachschwarm abgeht, laufen nämlich ein Menge junger Mutterbienen aus, und alle Ordnung hört auf, so daß bisweilen alle mit dem letzten Nachschwarme ausziehen und keine im Stocke zurückbleibt. Der häufigste Fall ist aber der, daß, weil jede der jungen Mütter ihren Anhang hat, feindliche Parteien im Stocke entstehen, und, wenn die Schwarmlust sich legt, alle jungen Mutterbienen von den Arbeitsbienen der verschiedenen Parteien getödtet oder vertrieben werden. Hin und wieder mag auch der Fall vorkommen, daß ein Paar junge Königinnen sich einander zufällig im Stocke begegnen, mit einander kämpfen und sich beide tödtlich oder so verwunden, daß die Ueberlebende den Befruchtungsausflug nicht mehr halten kann.

Denn — und das ist eine große Gefahr, welche jedem Stocke, der eine junge Königin hat, droht — diese muß ausfliegen, bisweilen mehrmals ausfliegen, ehe sie ihre Fruchtbarkeit erlangt, und kann hierbei auf mannigfache Weise verunglücken oder auch bei der Rückkehr ihren Stock verfehlen, wo sie dann von den Bienen des fremden Stocks getödtet wird. Dzierzon behauptet im Bienenfreund, S. 179 und XXII. 13. 9, sogar, daß die vom Ausfluge zurückkehrende junge Mutter bisweilen von ihren eigenen Bienen getödtet werde; dieser Fall mag aber zu den sehr seltenen gehören und ganz besondere Ursachen haben.

Die soeben erwähnte Gefahr schlage ich aber nicht sehr hoch an, da mir in den vielen Fällen, wo ich den Vorschwarm sofort mit dem Mutterstocke verstellte, nicht ein einziges Mal ein Mutterstock weisellos geworden ist. Das rührt jedenfalls daher, weil alle Unordnung, die das Nachschwärmen verursacht, aufhört und gleich nach dem Verstellen die überzähligen Königinnen bis auf die erstgeborene ausgerissen werden, der nun durchaus keine Gefahr mehr im Stocke droht. Das Verunglücken beim Begattungsausfluge mag daher zu den sehr seltenen Fällen gehören, und dem Verirren in andere Stöcke kann leicht vorgebeugt werden. (Vgl. Abschnitt VIII, lit. A, Nr. 7.)

Anlangend die Mittel zur Verhütung der Weisellosigkeit, so beschränken sich dieselben darauf, daß man jeden Stock, der schwärmt (Mutterstock), auf einen von seiner frühern Stelle möglichst entfernten Platz bringt, den Vorschwarm aber auf die alte Stelle setzt; daß man an den Mutterstöcken und den Nachschwärmen, die man etwa aufstellen will, Kennzeichen anbringt; daß man einem Nachschwarme nie eine junge Königin läßt, die nicht fliegen kann; daß man von Mittag bis gegen Abend den Bienen nicht in den Flug tritt; daß man darauf sieht, daß die Königinnen der Honigstöcke, die nicht schwärmen, nicht zu alt werden, und daß man beim Zeideln die

Mutterbiene nicht verletzt, oder in einem Auf- oder Ansatze mit wegnimmt.

Am leichtesten ist zu erkennen die Drohnenbrütigkeit der Mutterbiene, weil dann die Königin fast alle Eier in Bienenzellen legt, aus allen Eiern aber nur Drohnen entstehen. Die Brut steht hier geschlossen, wie die Bienenbrut in weiselrichtigen Stöcken, ist aber mit hochgewölbten Deckeln versehen, und es erscheinen fast nur kleine Drohnen, weit seltener Bienen.

Am schwersten ist zu erkennen die Unfruchtbarkeit einer Mutterbiene, mag jene von Krankheit oder Altersschwäche, oder daher rühren, daß die Befruchtung unterblieben ist. In diesem Falle ist also eine Mutterbiene vorhanden, sie legt aber gar keine Eier. Die einzig sichern Kennzeichen sind hier: Abnahme der Volksmenge, die aber erst nach und nach eintritt, und gänzlicher Mangel an Bienenbrut; denn daß beim Vorhandensein einer jungen unbefruchteten Mutterbiene die eine oder andere Arbeitsbiene Eier legen und Drohnenbrut entstehen sollte, gehört zu den sehr seltenen Fällen.

Ist gar keine Mutterbiene im Stocke, so giebt es sicherere Kennzeichen der Weisellosigkeit. Das sicherste ist das, wenn man im Herbst oder Frühjahr truppweise vertheilte Drohnenbrut, die ganz unregelmäßig angesetzt ist, antrifft. Oft sind mehrere Zellen zusammengebaut und bieten wunderliche Gebilde dar, indem bald mehrere Drohnenzellen zusammen einen Deckel haben, bald einzelne höher stehen und besonders bedeckelt sind. Dabei fehlt alle Bienenbrut; das Volk ist schwach, in dem Korbe zerstreut und die Bienen kommen beim Aufheben des Stocks einzeln in nicht großer Zahl herbei, indem sie einen unabgesetzten einförmigen klagenden Ton von sich geben, während ein weiselrichtiges Volk in Zwischenräumen stoßweise stark aufbraust und sich dann wieder beruhigt. Bietet ein Stock das beschriebene Bild, namentlich Drohnenbrut jener Art dar, so ist er verloren, mag er nun gar keine oder eine drohnenbrütige Mutterbiene haben. Hier ist nicht mehr gut zu helfen, da alle Ordnung im Stocke aufgehört hat und nur noch wenig Volk vorhanden ist. So weit aber darf es ein tüchtiger Bienenwirth nicht kommen lassen, am wenigsten bis zum Angriff des weisellosen Stocks durch Raubbienen, welche seinem elenden Dasein in kurzer Zeit ein Ende machen. Er muß längst wissen, welche Stöcke weisellos oder doch der Mutterlosigkeit verdächtig sind.

Dazu dienen folgende Kennzeichen der eingetretenen Weisellosigkeit:

1) An dem Tage, wo die Bienen ihre Königin verloren haben, besonders gegen Abend, sind sie außerordentlich unruhig, sie laufen höchst aufgeregt auf dem Flugbrete, am Stocke und um denselben herum, eine rennt wider die andere; kurz sie sind völlig in Alarm. Sie laufen zum Flugloche heraus und wieder hinein und nicht selten zu den Nachbarstöcken, gleichsam als ob sie Etwas suchten. Ebenso auffallend ist der einem wahren Geheul ähnliche Ton, den sie im Stocke anstimmen. Er erhebt sich pausenweise und bisweilen ist gänzliche Stille.

Das ist ein sicheres Zeichen der Weisellosigkeit, das schon in den Schriften der älteren Bienenwirthe zu finden ist und das ich im ersten Jahre meiner Bienenzucht als probat erkannte. Dasselbe tritt auch bei großen Magazinen und Honigstöcken hervor, wenn man seine Bienen zu der Zeit des Verlustes ihrer Königin zu beobachten Gelegenheit hat. Im Frühjahr und Sommer sollte man daher jeden Abend von 4—8 Uhr Abends nach seinen Bienen sehen, damit jenes Kennzeichen uns nicht entgeht. Oft zeigt es sich, wenn auch schwächer, noch am andern Tage.

Es ist besonders wichtig bei den großen Magazinen und Honigstöcken, wo später die Weisellosigkeit schwer zu erkennen ist, weil sie viel Volk und ein weitläufiges Gebäude haben. Bei ihnen dauert es länger, ehe man Abnahme im Flug bemerkt, und sie höseln auch noch längere Zeit fort, als schwache

Völker. Man beobachte also ja die Honigstöcke jeden Tag und Abend genau, weil diese von Zeit zu Zeit, da sie nicht schwärmen, die Königin wechseln und sonach der Weisellosigkeit ebenfalls ausgesetzt sind.

2) Am leichtesten erkennt man die Mutterlosigkeit bei Stöcken, welche einen Schwarm gegeben haben. Man hebt den Mutterstock nach 28 Tagen, von dem Tage an, wo er den ersten Schwarm (Vorschwarm) gegeben, am frühen Morgen in die Höhe. Findet man, daß seine Drohnen dicht zusammengedrängt auf dem Flugbrete sitzen, so ist die junge Mutter fruchtbar und am Legen, wo nicht, so ist er mutterlos. Dieses Kennzeichen tritt, wenn man den Vorschwarm mit dem Mutterstocke sofort verstellt hat, noch früher hervor, oft schon nach 14 Tagen, und ist ganz sicher.

Knauff sagt in seiner Behandlung der Bienen, §. 71: „Wenn man dem Mutterstocke nach 28 Tagen ein Stückchen Drohnenrose an der Stelle, wo sich viele Bienen aufhalten, ausschneidet, und dieses mit Eiern besetzt ist, wobei sogar mehrere Eier in einer Drohnenzelle liegen, so ist Mutterlosigkeit ganz gewiß.“ Darin ist ihm zwar beizustimmen; aber gar oft ist das nicht der Fall, weil es eben an eierlegenden Arbeitsbienen fehlt, und der Stock ist dennoch weisellos. Indessen schon das erste Zeichen reicht aus.

Bei meinem Verfahren, den Schwarm mit dem Mutterstocke zu verstellen, weiß ich in den ersten 14 Tagen, woran ich bin. Entsteht in dieser Zeit keine Unruhe bei dem Mutterstocke und liegen die Drohnen am frühen Morgen des 28. Tages, oder schon früher, wie aufgepflastert auf dem Flugbrete (bei Lagerstöcken vorn am Deckel), so ist die junge Mutter fruchtbar. Sobald nämlich die Bienen zum Behufe der Befruchtung der Königin der Drohnen nicht mehr bedürfen, und auch kein überflüssiger Honigvorrath mehr im Stocke ist, so sperren sie dieselben systematisch von dem Honig ab und drängen sie dahin, wo kein Honig aufgespeichert ist.

3) Will man sich darüber Gewißheit verschaffen, ob ein Nachschwarm eine fruchtbare Mutter hat, so schneidet man nach 10 Tagen von dem Tage an, wo er eingefaßt wurde, ein Stückchen von der kleinsten Sorte Brutrose aus. Sind Eier darin, so ist die Mutter fruchtbar, wo nicht, so ist der Schwarm mutterlos. (Knauff, a. a. O., S. 309.) Findet man keine Eier, so sieht man nach 2—3 Tagen nach, ob die Bienen die kleinen Brutzellen wieder anbauen, verlängern. Ist das der Fall, so ist der Stock nicht mutterlos. Bauen die Bienen aber die Drohnenzellen aus, oder thun Beides nicht, so ist der Stock ganz sicher weisellos.

Diese Kennzeichen gelten auch bei Mutterstöcken, wenn man jene Versuche nach 28 Tagen vom Abzuge des Vorschwarmes an vornimmt.

Bei Nachschwärmen sieht ein nur einigermaßen erfahrener Bienenwirth in den ersten 14 Tagen, wie es mit der Fruchtbarkeit der Königin steht; die Thätigkeit der Bienen vermindert sich auffallend und hört fast ganz auf, wenn die Königin verloren gegangen ist, sollte man auch ihren Verlust nicht gleich anfangs bemerkt haben; das Volk zeigt sich muthlos, sein Flug nimmt ab, eine Handvoll Bienen klebt, den Korb kaum zu einem Viertheil füllend, am Deckel, und von einer Thätigkeit derselben ist Nichts zu bemerken, oft sogar zerstreut sich das Volk.

4) Weit schwerer ist es, die Weisellosigkeit bei Stöcken zu erkennen, die nicht geschwärmt haben und die sonach noch volkreich sind (zumal bei großen Honigstöcken), wenn wir nicht zufällig das Kennzeichen unter 1 bemerken. Dieses kann uns aber in den Monaten, wo wir unsere Bienen seltener besuchen (vom October bis März), leicht entgehen. Tritt indessen bei solchen volkreichen Stöcken die Weisellosigkeit während des Sommers bis zum October ein, so wird sie einem aufmerksamen Bienenwirthe ebenfalls nicht entgehen; denn er wird

a) schon an der Abnahme des Fluges merken, daß mit dem betreffenden Stocke Etwas vorgegangen ist, er wird ferner oft ausgerissene Drohnenbrut auf dem Flugbrete finden und der Stock wird nicht vorspielen. Der Stock wird ferner,

b) und das ist ein in der Regel sicheres Kennzeichen, die Drohnen nicht abtreiben, sondern ungehindert aus- und einpassiren lassen, und die Bienen werden,

c) wenn man an den Stock klopft, oder ihn aufhebt, besonders aber, wenn man Rauch in denselben bläst, ein anhaltendes Geheul erheben, das sich sobald nicht wieder legt. Dabei kommen sie mehr vereinzelt, als in geschlossenen Kolonnen zwischen den einzelnen Waben hervor. Ist der Stock jedoch weiselrichtig, so hört man ein starkes Aufbrausen, das sich bald in ein leises Summen auflöst, und die Bienen kommen schaarenweise zwischen den mittleren Waben hervor. Tritt hierzu noch

d) das schon oben erwähnte Erscheinen von Drohnenbrut, die entweder regelmäßig in Bienenzellen, oder unregelmäßig in Drohnenzellen steht, so ist die Weisellosigkeit außer Zweifel.

Ueber alle diese Kennzeichen giebt eine sorgfältige Herbstrevision sichere Auskunft, und ein aufmerksamer Bienenwirth wird gewiß nur äußerst selten einen weisellosen Stock in das Winterlager bringen.

Weniger sichere Kennzeichen giebt es, wenn ein Stock über Winter weisellos wird, zumal wenn er honig- und volkreich ist. Die Bienen befinden sich da im Winterlager und wir dürfen sie so wenig wie möglich beunruhigen, daher es schon bedenklich ist, sie täglich zu besuchen. Geht die Königin in den Wintermonaten ab, so verunglückt in der Regel die Nachschaffung einer jungen Mutter, theils weil es noch an Drohnen fehlt, theils weil die einzelnen vorhandenen, sowie die junge Mutter wegen des rauhen Wetters nicht ausfliegen können. Gleichwohl findet sich bei solchen Stöcken oft noch viel Volk vor, sie fliegen im ersten Frühjahr noch gut und tragen auch Höschen ein. Da wird man bisweilen eine Zeit lang — getäuscht.

Wenn man indessen seine Stöcke bei den Reinigungsausflügen und bei dem Vorspielen aufmerksam beobachtet, und namentlich sein Augenmerk darauf richtet, ob sie ihre Wohnungen gehörig reinigen, das Gemülle und todte Bienen herausschaffen, auch bei gutem Wetter vorspielen, so wird man auch in dieser Jahreszeit bald ins Klare kommen; denn wenn jenes nicht der Fall ist und sogar ihr Flug sich vermindert, anstatt daß er sich vermehren sollte, so ist der Stock der Weisellosigkeit dringend verdächtig; wenn sich aber beim Umdrehen des Stockes und Raucheinblasen die oben unter c und d bemerkten Symptome zeigen, so ist der Stock sicher weisellos. Solange man aber noch irgend einen Zweifel hegt, thut man am besten, sofort eine innere Untersuchung anzustellen, wobei die einzelnen Theile (Ringe, Kränze) von einander getrennt und untersucht werden, nachdem man die Bienen mit Rauch in die Höhe oder ganz aus dem Stocke getrieben hat. Man kann sie auch mit Bovist betäuben und fallen lassen, da dieser um diese Zeit den Bienen nicht schadet.

Im Winter erkennt man die Mutterlosigkeit an der Unruhe im Stocke, d. h. einem Brausen, das halb einem Geheul gleicht und das sich bei einer Witterungsveränderung am auffallendsten zeigt. Bisweilen laufen bei jener Unruhe die Bienen einzeln aus dem Stocke heraus, oder stürzen auch, wenn man den Stock bewegt oder mit ihm beim Forttragen irgendwo anstößt, zahlreich und heftig zu dem Flugloche heraus. Dieser Fall ereignete sich bei mir, als ich meine Bienen aus dem Winterlager wieder ins Freie stellte. Ein guter Stock braust wohl, wenn man ihn bewegt oder mit ihm anstößt, aber die Bienen beruhigen sich bald wieder. Das war aber bei mir nicht der Fall, ich wurde sogleich aufmerksam und der Stock zeigte sich bald weisellos.

Nach Knauff (Behandlung der Bienen, S. 165) soll man auf folgende Weise ganz sicher erfahren, ob der Stock weisellos ist: Am Abend setzt man einen weiselrichtigen Stock auf den Kopf, stellt einen unbevölkerten, mit Wachsbau und Honig versehenen Korb (Aufsatz, Schlauch) auf jenen und bindet ein Tuch um die Fugen, wo sie auf einander stehen, so daß keine Biene herauskommen kann. Die Bienen riechen den Honig und begeben sich sofort theilweise in den Honigkorb. Nach einer Stunde hebt man diesen ab, dreht ihn um, stellt ihn auf den Kopf und setzt den der Weisellosigkeit verdächtigen Stock darauf, indem man wiederum die Fugen durch Umbinden eines Tuches und jede andere Oeffnung verschließt, jedoch so, daß den Bienen die erforderliche Luft bleibt. Sind die im Schlauche befindlichen Bienen nach einer Stunde ruhig — bisweilen, wenn viele Bienen darin sind, dauert die Unruhe auch länger —, so ist der darauf gestellte Stock nicht mutterlos; ist jener aber unruhig und dauert diese Unruhe bis Morgens fort, so ist der darauf gestellte Stock gewiß mutterlos. Hat dieser eine unfruchtbare Mutter, so hat die Unruhe im Schlauche zwar auch statt, sie legt sich aber nach 2—3 Stunden.

Ich habe dieses Mittel nie versucht, weil es sich bei großen Stöcken nicht gut anwenden läßt, und weil es nach Knauff's eigener Schilderung nicht zuverlässig ist; denn da die Unruhe, wenn viele Bienen im Schlauche waren, länger als eine Stunde anhalten, und sich beim Vorhandensein einer unfruchtbaren Mutter schon nach 2—3 Stunden legen kann, so bleiben wir immer im Dunkeln darüber, ob der Stock nicht eine unfruchtbare Mutter habe.

Was ist nun zu thun, wenn ein Stock weisellos wird? Bei Beantwortung dieser Frage kommt es hauptsächlich auf Zweierlei an, erstens auf die Gegend, in der man imkert, und zweitens darauf, zu welcher Jahreszeit man die Weisellosigkeit gewahr wird; denn wenn jene von der Art ist, daß schon im Juli die Honigtracht aufhört, und ein Stock im Juni weisellos wird, so würde es sich, vorausgesetzt, daß er noch ansehnliches Volk hat, nur dann der Mühe verlohnen, ihn von Neuem zu beweiseln, wenn man über eine fruchtbare Mutterbiene verfügen kann. Gleichwohl wird es auch hier mindestens 21 Tage dauern, bis die ersten jungen Bienen auslaufen, und von einem Honigertrage wird selten die Rede sein. Anders gestaltet sich die Sache, wo späte Sommer- und Herbsttracht sich findet, wo sich also das beweiselte Volk schon vom Juli an wieder durch auslaufende junge Bienen vermehrt. Aber immer muß der Stock, der beweiselt werden soll, wenn die Beweiselung etwas helfen soll, noch stark im Volk sein; denn einer Handvoll Bienen eine junge, selbst fruchtbare Königin zu geben, heißt Zeit und Geld zersplittern, weil es viel rentabler ist, den weisellosen Stock von Bienen zu leeren und entweder einen Schwarm in denselben zu fassen, oder denselben zu Aufsätzen für andere volkreiche Stöcke zu benutzen. Und hat man im Juni fruchtbare Reservemütter und will die Zahl seiner Stöcke noch vermehren, so thut man besser, sie zu Ablegern zu verwenden, als volksarmen weisellosen Stöcken zu geben, in denen sie bei nicht richtiger Behandlung Gefahr laufen, umgebracht zu werden, so daß man dann gar Nichts mehr hat. Für honigarme Gegenden gilt daher die Regel, alle weisellosen Stöcke auszutreiben und die darin befindlichen Bienen mit andern guten Stöcken zu vereinigen, alle Beweiselungsversuche aber zu unterlassen, den Fall höchstens ausgenommen, wenn man im April oder Mai einen weisellosen noch volkreichen Stock entdecken sollte; denn dann wäre es möglich, daß er bis zu Anfang oder doch Mitte Juni zu Volksreichthum gelangen könnte, wenn — seine Beweiselung nicht verunglückt, was leicht der Fall sein kann. Der sicherste Weg ist und bleibt immer der, die weisellosen Bienen andern Stöcken zuzutheilen und ihren Bau zur Einfassung von Schwärmen oder zu Aufsätzen zu verwenden. Für den Landmann passen Künsteleien jener Art nicht.

Sollte sich ein Stock in den eigentlichen Wintermonaten als weisellos kundgeben, so bleibt nichts weiter übrig, als ihn bis nach den Reinigungsausflügen ganz ruhig stehen zu lassen. Knauff in den „Herbstabenden" empfiehlt zwar, sofort den weisellosen Korb auf den Kopf und einen weiselrichtigen darauf zu stellen und sie so, bis ein gelinder Tag komme, aufeinander stehen zu lassen. Dann soll man nachsehen, ob sich das weisellose Volk zu dem guten Stocke hinaufgezogen habe. Ist dieses der Fall, so soll man jenen wegnehmen und letztern ganz ruhig auf sein Flugbret setzen; hängen aber noch Bienen herab bis in die Waben des Stockes, so soll man noch einen leeren Untersatz (Höchsel) zwischen beide Körbe setzen und dann würden sich die Bienen bald alle nach dem obersten Korbe hinaufziehen.

Haben die Bienen noch nicht lange im Winterlager gesessen, so ist der Knauff'sche Vorschlag zweckmäßig; ist aber das Gegentheil der Fall, so gerathen oft beide Stöcke in große Unruhe und erleiden Verlust an Volk, indem sie zu übermäßiger Zehrung veranlaßt und in ihrer Winterruhe gestört werden, die Bienen auseinanderlaufen und bei großer Kälte erfrieren, oder auch den Stock mit Unrath beschmutzen.

Man thut daher am besten, vor jedem weitern Schritt die ersten Reinigungstage abzuwarten, und erst nach erfolgter Reinigung schreitet man zur Vereinigung der weisellosen Bienen mit andern Stöcken.

Die Art und Weise der Vereinigung ist sehr verschieden. Man kann die weisellosen Bienen durch Rauch von leinenen Lumpen, Wermuth u. s. w. aus ihrer Wohnung treiben und sie fliegen dann auf ihre Nachbarstöcke. Damit sie in den=

selben nicht feindlich empfangen werden, giebt man ihnen und jenen ein Paar Tage vor der Vereinigung einerlei Geruch, indem man in die Stöcke, deren Bienen sich befreunden sollen, einige Tropfen von einem wohlriechenden Oele träufelt, das in dem Stocke einen starken Geruch verbreitet, wozu sich Lavendel- (Spiek-) und Anisöl am besten eignet; denn die Bienen erkennen sich vorzugsweise am Geruche. Auch kann man die betreffenden Stöcke einige Tage hintereinander vor der Vereinigung mit Honig, der durch Sternanisthee verdünnt ist, füttern. Hat man aber das letztere gethan, so darf man die Bienen, die vereinigt werden sollen, nicht etwa mit Bovist fallen lassen; denn dieser schadet den Bienen stets, wenn sie einen vollen Honigmagen haben; und das wird meistens der Fall sein, wenn sie die Nacht vor der Vereinigung gefüttert worden sind. Wählt man den Weg des Austreibens der weisellosen Bienen, so muß der Tag, wo man dieses Geschäft vornimmt, warm und trocken sein. Die Bienen, die nicht abfliegen wollen und sich um den Stock herum anlegen, muß man abkehren und zu den Stöcken bringen, zu welchen sie kommen sollen. Die von ihnen entleerte Wohnung trägt man in eine wohlverwahrte, mit (verschlossenen) Fenstern versehene Kammer und läßt am Abend die Bienen, die sich etwa noch an jenen gesammelt haben, hinaus, wo sie dann zu den Nachbarstöcken ihres früheren Standortes fliegen.

Man kann aber auch die weisellosen Bienen auf die Weise vereinigen, daß man sie durch Bovist fallen läßt; denn hier geht das Geschäft schneller von statten, wenn jener Schwamm gut ist. Sind sie gefallen, so werden sie mit dem guten Stocke am Abend ganz auf dieselbe Weise vereinigt wie Schwärme (s. Abschnitt VIII, lit. A, Nr. 6); auch kann man sie sogleich vor ihrem völligen Wiederaufleben in einen zu dem Hauptstock passenden Untersatz bringen und jenen auf diesen stellen, worauf sie sich summend in den Hauptstock begeben.

Ich liebe den Gebrauch des Bovistes nicht, den einzigen Fall ausgenommen, wo man einem weisellosen oder absichtlich entweiselten Stocke eine fruchtbare oder unfruchtbare Königin zusetzen will, wovon gleich die Rede sein wird.

Den Bovist (Blutschwamm, Beutelschwamm), bovista Lycoperdon, erhält man in jeder guten Apotheke, und ungefähr 2 Loth davon sind erforderlich, um durch den Dampf desselben ein Bienenvolk so zu betäuben, daß die Bienen fallen. Um dem Rest derselben zum Fallen aus dem Wabenbau zu bringen, muß man rings herum an den Stock schlagen, so daß die Waben erschüttert werden, und, da sich gar manche anklammern, diese mit einer Feder aus den Zwischenräumen des Wachsbaues hervorholen. Andere kriechen wieder in Zellen und sind aus diesen nicht heraus zu bringen, weshalb man den weisellosen Stock, wie den mit Rauch ausgetriebenen, in eine verschlossene Kammer bringen muß.

Die Operation selbst kann man auf verschiedene Weise vornehmen. Die Hauptsache ist erstens, daß der Rauch mit einem Male und von allen Seiten in den Stock, dessen Bienen bovistirt werden sollen, dringt; denn sonst kriechen viele derselben in die Zellen, und zweitens, daß die herabfallenden Bienen nicht auf den brennenden Bovist fallen, endlich, daß der Rauch nicht zu heiß an die Bienen kommt. Eine Entfernung der Kohlenpfanne von den Bienen im Korbe, die 18 Zoll beträgt, genügt indessen, da man nur wenig Kohlen nehmen darf; das Fallen der Bienen in den brennenden Schwamm oder gar in die Kohlenpfanne wird dadurch verhindert, daß man über dem Brennmaterial entweder ein dasselbe bedeckendes schräg stehendes Bretchen oder ein durchlöchertes Blech anbringt, von dem die fallenden Bienen herabrollen und unter sowie neben die Kohlenpfanne zu liegen kommen. Mein Apparat und Verfahren ist folgendes: Hat der zu bovistirende Ständer — bei Lagern ist das Bovistiren nicht gut anzuwenden — unten nicht wenigstens 4 Zoll hoch leeren Raum, so wird ihm ein 4—5 Zoll hoher Untersatz gegeben, der natürlich befestigt und unten mit einem Netz, das so eng ist, daß keine Biene durchkann, überzogen wird (Filet, Marlé). Das Netz, das so groß sein muß, daß es einige Zoll an dem Untersatz heraufgeht, wird angespannt und durch Umwickeln mit Bindfaden an denselben befestigt. Ist das geschehen und der zu bovistirende Stock steht fix und fertig da, so nimmt man einen 8—10 Zoll hohen Untersatz, der mit jenem Stocke in der Weite zusammenpaßt, legt auf die Erde eine Scherbe oder ein Pfännchen mit Kohlen, thut auf diese den Schwamm und bedeckt auf einige Minuten den Untersatz mit einem Brete, bis der Schwamm tüchtig qualmt und sich im Untersatze, der keinen Rauch durchlassen darf, angehäuft hat. Nun entfernt man das Bret, setzt den zu bovistirenden Stock schnell darauf und umwindet die Fugen beider mit einem Tuche, so daß kein Rauch heraus kann. Sowie es still im Stocke wird — zunächst entsteht ein heftiges Brausen — und man die Bienen durch derbes Klopfen noch vollends zum Fallen gebracht hat, hebt man den Stock ab, setzt ihn auf einen Tisch und macht das Netz los, auf welchem die Bienen in der Ordnung liegen, in welcher sie herabgefallen sind. Man sucht die Königin, wenn es kein weiselloses Volk war, heraus, und vereinigt die Bienen mit andern Stöcken auf die angegebene Weise.

Will man aber den Bienen, wenn sie weisellos sind, oder man ihnen die zu alte oder unfruchtbare Mutterbiene genommen hat, eine andere fruchtbare oder unfruchtbare Königin geben, so läßt man die Bienen, wie gedacht, Abends mit Bovist fallen, und giebt ihnen, ehe sie sich von der Betäubung wieder erholt haben, die Königin, die man ihnen zusetzen will, indem man dieselbe auf den Haufen der betäubten Bienen legt. Das ist die neue Methode des Hofapothekers Hübler zu Altenburg in Betreff des Zusetzens fremder Königinnen (Bienenzeitung von 1860, S. 300), deren Richtigkeit von Berlepsch in der Bienenzeitung von 1860, S. 238, und Kaden in der Bienenzeitung von 1861, S. 77, bestätigen.*) Der Letztere behauptet jedoch, daß, wenn das Volk, das eine andere Königin erhalten soll, nicht weisellos sei, die Königin desselben erst ausgesucht und entfernt werden müsse, ehe man ihm die fremde gebe; denn sonst geschehe es sehr oft, daß die zusammenkommenden Majestäten (welche sich viel schneller von der Betäubung erholten) einander erwürgten, noch ehe die Bienen vollkommen erwacht wären. Dieses Bedenken Kaden's dürfte jedoch ungegründet sein, da Hübler ausdrücklich sagt, daß die zuzusetzende Königin nicht mit betäubt werden dürfe.

Auf den Untersatz, in dem sich die betäubten Bienen befinden, setzt man, nachdem man die dazu auserſehene Königin zu ihnen gethan, die Wohnung, in die sie einziehen sollen, und diese kommt auf ihren alten Platz.

Schon Knauff schlug in den „Herbstabenden", S. 22 (und ich nach ihm in meinem Wegweiser, S. 97) ein ähnliches Verfahren vor. Man läßt die Bienen mit Bovist fallen und sperrt sie in einen leeren Korb, den man mit Zugang der nöthigen Luft verschließt. Nach ein Paar Stunden giebt man ihnen durch den Spund eine fruchtbare oder unfruchtbare Mutterbiene und läßt sie mit dieser noch 12 Stunden in dem leeren Korbe stehen. Dann läßt man sie in ihre alte, inzwischen von etwaiger Drohnenbrut gereinigte Woh-

*) Huber (Bienenzeitung von 1861, S. 160 fg.) macht auf die Schädlichkeit des Bovistes, insbesondere aber darauf aufmerksam, daß die noch im Felde befindlichen, nicht mit bovistirten Bienen die beigegebene Königin anfielen und tödteten. Demnach müßte die Operation am späten Abend, wo alle Bienen im Stocke sind, vorgenommen werden. Was den ersten Punkt anlangt, so ist es nicht räthlich, Stöcke, die voll Brut stehen, zu bovistiren, denn die Maden laufen, sind sie noch unbedeckelt, allerdings Gefahr erstickt zu werden. Aber wer wird denn auch um diese Zeit den Bovist anwenden?

nung einziehen, indem man diese auf die leere Wohnung, in der sie sich befinden, setzt. Waren die Bienen nicht weisellos, so muß auch hier ihre Königin erst beseitigt werden.

Entdeckte man aber im März bis Mai einen weisellosen noch volksstarken Stock, den man zu erhalten wünscht, und man hätte keine Königin, die man ihm zusetzen könnte, so schlage man folgenden Weg ein. Man läßt die weisellosen Bienen mit Bovist in einen Untersatz (Kranz) fallen und setzt auf denselben einen darauf passenden zweiten Kranz, in welchen man ein Stück Bruttafel, das Bieneneier und ein- bis dreitägige Bienenwürmer enthält, befestigt hat, versieht die Bienen mit einer Honigtafel, damit sie nicht verhungern, und läßt sie zweimal 24 Stunden im Dunkeln stehen. Inzwischen reinigt man ihren alten Korb von etwaiger Drohnenbrut, sucht auch die vorhandenen Drohnentafeln zu entfernen und setzt Abends, wenn es dunkelt, den Ableger unter oder auf den alten Stock, welchen dann die Bienen wieder beziehen, ohne die Brut zu verlassen; der Stock kommt natürlich wieder auf seinen alten Platz. Es versteht sich, daß man den betreffenden Stock sorgfältig beobachtet, aber zu einer innern Untersuchung ist ohne Noth nicht zu schreiten, damit die Bienen in der Weiselerzeugung nicht gestört werden; auch darf man, bevor die junge Königin fruchtbar geworden ist, an dem Aeußern des Stockes keine Veränderung vornehmen, insbesondere nicht die beiden Ringe, in welchen die Weiselerbrütung vor sich gegangen ist, entfernen.

Kann man den weisellosen Bienen neben einem Stück Brut der beschriebenen Art auch noch eine bedeckelte Weiselzelle geben, so kommt man oft noch kürzer zum Ziele. *)

---

*) Außer dem Bovist sind als Betäubungsmittel noch vorgeschlagen worden: 1) Schießpulver, das man zu einem Pulverzischmännchen (Speiteufel) verarbeitet und unter den Bienen abbrennt. (Bienenzeitung von 1855, S. 9 und 23.) 2) Flachs, der in einer

## XII.

## Das Rauben der Bienen.

Die Räuberei ist ein so großes Uebel, daß einem Anfänger die Lust zur Bienenzucht dadurch von vorn herein verleidet werden kann, und es ist daher nothwendig, daß man sie genau kennen lerne, um ihr bei Zeiten Einhalt thun zu können. Entdeckt man sie gleich im Entstehen, so kann die Gefahr sehr schnell beseitigt werden, später verursacht dieses oft große Mühe. Jede Biene spürt dem Honig nach und trägt solchen davon, wann und wo sie ihn findet. Die Bienen haben einen äußerst feinen Geruchssinn und dieser führt sie namentlich in honigarmen Zeiten, wo es warm ist und wenig Blüthen giebt, zu fremden Stöcken. Die Hauptperioden des Raubens sind das Frühjahr und der Herbst, und es ist Thorheit, zu behaupten, daß nur hungrige Völker raubten; im Gegentheil sind starke, honigreiche Stöcke ebenso, ja noch mehr geneigt, Beute zu machen, wo sich ihnen solche darbietet. Seitens der Bienenwirthe ist daher sehr große Aufmerksamkeit

---

Auflösung von 15 Grammes salpetersaurer Potasche getaucht, getrocknet und unter den Bienen als Räucherung verbraucht wird. (Bienenzeitung von 1856, S. 48.) 3) Schwefeläther oder Chloroform. Zwei Drachmen davon gießt man auf ein Stück Badeschwamm und legt dieses unter den Stock. (Bienenzeitung von 1855, S. 10.) Das Mittel unter 1 ist unzuverlässig und kann bei regelwidriger Verfertigung zu einer Explosion führen, das unter 2 ist zu weitschichtig und das unter 3 zu theuer und gefahrdrohend. Man bleibe beim Bovist. Von Ehrenfels meint zwar, er sei den Bienen schädlich; dagegen aber sprechen die Erfahrungen von vielen Sachverständigen, namentlich Knauff und Kaden, die ihn stets ohne Nachtheil angewendet haben. Nur in dem Falle droht Gefahr, wenn der Honigmagen der Bienen gefüllt ist. Man darf sie daher ja nicht erst füttern, ehe man sie bovistirt.

nöthig, damit sie das Uebel bei Zeiten entdecken und sogleich im Entstehen zu unterdrücken vermögen. Wir beschäftigen uns daher zunächst mit den Kennzeichen desselben.

In der Regel finden sich Anfangs blos einzelne Bienen (Näscher) ein, die in schwirrendem schnellen Fluge an dem Stocke herumfliegen. Bald sind sie an dieser, bald an jener Stelle des Stockes, doch meistens fixiren sie das Flugloch, vor welchem sie oft schwebend stillzustehen scheinen. Dabei strecken sie die Hinterfüße von sich, ihr Saugrüssel dagegen steht hervor und sie scheinen mit demselben gleichsam den Korb und die am Flugloche Wache haltenden Bienen anbohren zu wollen; sobald diese aber Miene machen, sie anzugreifen, so schwirren sie wieder an eine andere Stelle des Korbes oder an einen andern Stock. Oft setzen sie sich an die Körbe, namentlich dahin, wo eine Ritze ist, und suchen von außen einzudringen. Solange solche Bienen nur einzeln kommen, sind sie nicht gefährlich, und man findet sie im Frühjahr und Herbst fast auf allen Ständen, wenn es bei warmem Wetter an Tracht fehlt; sobald aber mehrere derselben kommen und sich auf einen Stock werfen, wird die Sache bedenklicher; denn wenn er sich derselben nicht bald erwehrt, so ist er entweder volksschwach oder weisellos, oder doch dessen mindestens verdächtig. Hier wird aber bald ein neues Kennzeichen der Räuberei hervortreten, nämlich Kampf oder sogenannte Beißerei; denn selbst weisellose, geschweige denn weiselrichtige, blos schwache Stöcke vertheidigen sich, wenn sie blos ein Flugloch und keine sonstigen Oeffnungen haben, tagelang kräftig. Vermögen sie aber den Angriff nicht abzuschlagen, so versammeln sich immer mehr Räuber vor dem Stocke, der Aufruhr und die Beißerei wird immer heftiger, vor dem Flugloche und in dem Stocke bemerkt man sich beißende und todte Bienen, und der Stock wird von einer Wolke fremder Bienen umschwärmt und belagert, die auf allen Seiten einzudringen versuchen. Auch in diesem Stadium ermannt sich der angefallene Stock bisweilen noch, wenn er nicht weisellos ist, und schlägt die Angreifer zurück, zumal wenn er ein nicht zu weites Flugloch hat. Vermag er jenes aber nicht, so dringen immer mehr Räuber ein, der Ein- und Ausflug der Bienen wird stärker und dauert bis an den späten Abend; die herauskommenden Bienen haben dicke, glänzende Leiber, durch die der Honig schimmert, kriechen erst an dem Stocke in die Höhe, ehe sie abfliegen, und fliegen schwerfällig ab. Zerdrückt man sie, so ist ihre Honigblase voll dicken Honigs. Hebt man den Stock auf, so findet sich die ganze Bevölkerung zerstreut, fremde und heimische Bienen laufen unter einander in den Waben herum, Wachstafeln sind mit Honig beschmiert, auf dem Standbrete liegen Wachsdeckel und Stückchen von Honigrosen, sowie getödtete Bienen, unter denselben bisweilen die Königin selbst. Ist der Stock zuletzt von Honig völlig geleert, so ziehen die Räuber sammt den Beraubten, so viele deren noch vorhanden, in einem Tumulte aus und zu dem Räuber ein.

Das ganze Schauspiel habe ich einige Male auf meinem Stande und zwischen Stöcken meines Standes von Anfang bis zu Ende spielen lassen, und mich insbesondere von der Hartnäckigkeit der Vertheidigung der angefallenen Stöcke, sowie davon überzeugt, daß die Räuber nie Herr werden, wenn das Uebel nicht schon zu sehr um sich gegriffen hat, und Hülfe geleistet wird.

Gleich deutlich kann man im Frühjahr oder Herbst erkennen, ob ein Stock raubt. Vor dem Flugloche des Räubers sind eine ungewöhnliche Masse Arbeitsbienen versammelt, die sich vorlegen und ruhig summen; der Aus- und Einflug ist sehr lebendig, die Ankommenden werden nicht angefallen, sondern beleckt, der Ausflug beginnt, auch bei unfreundlichem Wetter, sehr früh und dauert bis spät des Abends. Unter den Ankommenden befinden sich fast nie Bienen mit Höschen, und der Stock nimmt auffallend an Gewicht zu. Bei voller Honigtracht freilich sind diese Kennzeichen, mit etwaiger

Ausnahme des vorletzten, unsicher; wir haben aber eben nur das Frühjahr und den Herbst im Auge; denn bei guter Tracht kommt die Räuberei äußerst selten vor; im Gegentheil lassen da starke Völker oft einzelne Näscher ungehindert ein- und auspassiren, wie man gar oft wahrnehmen kann; sie huschen dann pfeilschnell durch das Flugloch in den Stock, ohne daß dieser von ihnen Notiz nimmt. Aber auch hier ist Aufmerksamkeit nöthig; denn auch diese Art der Näscherei kann in Räuberei ausarten.

Ich habe seither die Räuberei geschildert, wie sie gewöhnlich beginnt und verläuft; ich habe aber auch mehrere Fälle erlebt, wo mit einem Male, während meine Bienen ganz ruhig flogen, die Räuber massenweise erschienen und sich gleichzeitig auf alle Stöcke meines Standes warfen, so daß überall zugleich der Angriff und Kampf entstand. Das dauerte bisweilen ein Paar Tage, wo die Sache dann wieder vorbei war. Gleiche Erscheinungen hat von Berlepsch erlebt, und weder er noch ich können sie genugsam erklären. Es sind aber Ausnahmen von der Regel, und Gefahr droht dem aufmerksamen Bienenwirthe hier um so weniger, da gleich Anfangs von großen Massen auf alle Stöcke Angriffe gemacht werden.

Fliegen die Bienen auffallend stark, so gebe man nur Acht, ob Rauferei stattfindet oder nicht; denn bei heißem Wetter und brennenden Sonnenstrahlen schwirren oft die Bienen desselben Stockes so schnell vor demselben und insbesondere vor dem Flugloche selbst des Morgens herum, daß der Anfänger sie bisweilen für Raubbienen hält; er kann aber, wenn er keine Beißerei bemerkt, außer Sorgen sein.

Auch ich bin der Ansicht, daß Jeder, der beraubt wird, selbst die Schuld trägt; denn, wenn es auch wahr sein sollte, daß man auf Raub füttern könnte — was ich eher bezweifle als glaube —, so werden starke, beweiselte Stöcke doch die

Räuber sicher abschlagen, wenn man ihnen nur einigermaßen zu Hülfe kommt.

Ehe ich aber diese Hülfe selbst beschreibe, muß ich die Veranlassungen hervorheben, die die Räuberei herbeiführen, und die deshalb jeder Bienenwirth sorgfältig zu vermeiden hat. Es sind folgende:

1) Die Weisellosigkeit ist die hauptsächlichste Veranlassung zum Rauben; denn gar bald spüren die Näscher einen weisellosen Stock aus, der, meistens aus Mangel an Volk, nur schwachen Widerstand zu leisten vermag und dann gar bald überwältigt wird. Auch schwache, beweiselte Stöcke laufen Gefahr, beraubt zu werden, weil sie im Herbst und Frühjahr bei kühlen Nächten das Flugloch nicht gehörig besetzen, einige Näscher leicht einschlüpfen und so die Räuberei beginnt.

2) Unvorsichtiges Füttern ist eine weitere Veranlassung. Dahin gehört, wenn den Bienen Honig so gereicht wird, daß andere Bienen dazu kommen können; wenn man ihnen warmen Honig, dessen Geruch sich schnell verbreitet, bei Tage untersetzt; wenn man Gefäße, in denen sich noch Honig befindet, vor dem Bienenstande im Freien hinstellt, damit unsere Bienen jenen noch eintragen; wenn man die Futtergefäße über Nacht stehen läßt, oder auch Honig verschüttet. Eine speculative Fütterung der Bienen mit Honig so vorzunehmen, daß man denselben im Freien hinstellt, ist reiner Unsinn.

3) Nicht minder locken Körbe und Aufsätze mit Wachsbau, ja sogar solche, die schon einmal bebaut waren, wenn auch Nichts mehr darin ist, fremde Bienen herbei, wenn man sie in der Nähe des Bienenstandes aufbewahrt.

4) Durch unvorsichtiges Zeideln der Bienen im Freien und in der Nähe des Standes, besonders bei heißem

Wetter, wird sehr oft Räuberei veranlaßt, indem theils Honig verstreut, theils der beschnittene Stock mit solchem beschmiert wird, theils vielleicht gar die Geräthschaften und leeren Tafeln zum Ablecken der Bienen vor ihren Stand hingestellt werden.

5) Zu viele oder zu große Fluglöcher sind gar oft die Veranlassung zum Rauben, daher darf ein Stock in nahrungslosen Zeiten nie mehr als ein 1 oder höchstens 1½ Zoll langes und ⅓ Zoll hohes Flugloch haben. Am allerwenigsten dürfen aber andere Lücken und Oeffnungen an einem Korbe geduldet werden.

In einer der erwähnten Ursachen hat die Räuberei meistens ihren Grund und darum kann man sagen, daß sie der Imker verschuldet habe, denn es steht in seiner Macht, jene Veranlassungen zu verhüten; insbesondere ist jeder weisellose Stock sofort vom Stande zu entfernen. Das Rauben fällt gewöhnlich in die oft warmen nahrungslosen Tage des Frühjahrs oder Herbstes, und darum ist in diesen Zeiten eine tägliche Umschau nach den Bienen besonders nothwendig; denn sobald man das Uebel zeitig bemerkt, ist es leicht zu heben.

Die hierbei einzuschlagenden Mittel bestehen in Folgendem:

1) Dringen in einen Stock einzelne Näscher ein, ohne daß sich die Bienen viel um sie kümmern, so reize man die in dem Flugloche befindlichen Bienen durch Einhauchen oder Einschieben einer Binse, oder durch Berühren mit Brennnesseln, wodurch sie dann auf die Näscher aufmerksam werden und sie abweisen. Dieses Mittel ist — wenn die Näscherei bei guter Honigtracht stattfindet — in der Regel zureichend, vorausgesetzt, daß der angefallene Stock nicht weisellos ist; denn ein solcher muß auf der Stelle vom Stande entfernt werden; — von einer Beseitigung der Räuberei

bei weisellosen Stöcken ist überhaupt nicht die Rede, sondern nur von Beseitigung der weisellosen Stöcke selbst.

2) Genügt jenes Mittel nicht, oder ist schon heftiger Kampf entbrannt, wenn wir die Räuberei entdecken, so muß am Flugloche sogleich eine Blende angebracht werden: Man nimmt Lehm und Kuhmist und durchknetet diese mit Kienruß, damit die Masse schwarz wird, und bildet hieraus einen viereckigen, $1\frac{1}{2}$—2 Zoll starken Würfel. Nun steckt man in das bisherige Flugloch ein Stäbchen von der Größe, wie das neue kleine Flugloch werden soll, und drückt den Lehmwürfel auf das Stäbchen und an den Stock um das Flugloch herum fest an, zieht dann das Stäbchen, indem man während des Herausziehens die Masse mit der einen Hand fest andrückt, heraus und der Stock ist verblendet, da der Lehmwürfel, der nun eine kleine Thorfahrt bildet, fest an dem Stocke anklebt und auf dem Flugbrete ruht. Ist das Flugloch in der Mitte, so wird die weiche, dann mehr rund zu formende Masse mit ein Paar Nägeln an den Korb angeheftet, nachdem das Stäbchen durch den Lehmklumpen gesteckt und dann, wie dort, wieder herausgezogen worden ist. Zum Stäbchen eignet sich recht gut ein glattes Nelkenstäbchen; denn der Kanal kann sowohl rund, halbrund als viereckig sein, er muß aber so eng werden, daß höchstens zwei Bienen nebeneinander durchpassiren können.

Sollte sich gegen Abend der Raubanfall nicht legen oder vermindern, so muß man den oder die angefallenen Stöcke in eine kühle Kammer oder einen Keller bringen und sie daselbst bis zum andern Tage stehen lassen. Vor Allem ist zu untersuchen, ob sie etwa weisellos sind; denn dann sind sie ohne Gnade und Barmherzigkeit zu cassiren. Ist das nicht der

Fall, so giebt man Acht, ob am andern Morgen sich wieder Raubbienen einfinden, zu welchem Zweck man an die Stelle, wo der angefallene Stock gestanden hat, einen andern, ihm äußerlich ähnlichen leeren Korb stellt. Ist das Anströmen der Raubbienen noch stark, so empfängt man sie mit Besenhieben und wehrt sie so lange ab, bis sie sich mehr und mehr zerstreuen und verlieren. Gegen 3 oder 4 Uhr Nachmittags stellt man dann die angefallenen Stöcke, die sich inzwischen beruhigt und gesammelt haben werden, wieder auf ihren Platz und alle Gefahr wird vorüber sein. Durch das Verjagen der Räuber mittels des Besens werden diese sofort zaghaft und geben ihre Angriffe auf. Wahr ist es, daß vielleicht 50 Bienen ihr Leben einbüßen, denn die meisten werden blos verjagt und viele erheben sich wieder; aber ich halte dieses Mittel immer noch für glimpflicher, als das Wegfangen der Bienen, zu welchem Ehrenfels und Dzierzon rathen; denn der Räuber verliert durch den Besen immer viel weniger Volk, als durch das Wegfangen, durch welches ein Stock ganz entvölkert werden kann.

Die Art und Weise des Wegfangens ist sehr verschieden.

Von Ehrenfels räth, an die Stelle des beraubten einen diesem ähnlichen Stock mit eingespeiltem Fladenhonig zu setzen (bei welchem sich die Bienen am besten sammeln) und denselben, wenn sich viele Bienen darin befinden, zu verschließen und wegzutragen. Derselbe wird an einem kühlen, dunkeln Orte 24 Stunden aufbewahrt, worauf sich die Bienen in eine Traube zusammenformen und das Gefühl der Weisellosigkeit erhalten. Man stößt sie nun auf ein Flugbret und der beraubte Stock wird, wenn er noch einen Weisel hat, auf sie gestellt, worauf sie sich mit ihm vereinigen.

Knauff schlägt dasselbe Verfahren vor, räth aber, unter den eingespeilten Rosenhonig ein Gefäß mit Wasser zu stellen, worauf Beißerei entstehen und die meisten Bienen ins Wasser fallen würden. Noch besser soll es sein, wenn man mehrere

Stückchen Honigrose mit Leinwand überzieht, so daß ein Knäuel entsteht, durch das der Honig sickert und an welchem sich die Bienen sammeln. Da aber immer mehr herbeiströmen, so entsteht Streit und sie fallen in den darunter stehenden Wasserbehälter. Aus diesem fischt man sie von Zeit zu Zeit heraus und setzt ihn oder einen andern an seine Stelle, womit, solange es nöthig ist, fortgefahren wird.

Am leichtesten fängt man die Räuber, wenn man auf einander passende Strohkränze und Körbe hat, auf folgende Weise. Man überzieht den beraubten Stock unten mit einem dichten Netz (Filet), so daß keine Biene aus und ein kann; dann nimmt man einen 4—6 Zoll hohen Strohkranz (Ring), der zum Hauptstock paßt, und überzieht den Kranz oben ebenfalls mit Filet. Nun setzt man diesen auf ein Flugbret auf die Stelle des beraubten Stockes und diesen oben darauf. Hier finden die Räuber noch den alten Stock und gewohnten Geruch, und alle sammeln sich in dem Untersatze, um sich zu dem Honig durchzuarbeiten, was natürlich so schnell nicht geht. Sind viele Bienen darin, so wird das Flugloch mit einem Klumpen Lehm verschlossen, der obere Stock abgehoben und der Untersatz mit dem Flugbrete, auf dem er steht, weggetragen, sogleich aber an seine Stelle ein anderer ebenso beschaffener Untersatz gestellt. Manche empfehlen, in dem Flugloche des Untersatzes eine aufwärts gerichtete, an ihrem Ende immer enger werdende Röhre anzubringen, durch welche die Raubbienen zwar den Eingang in den Stock, aber nicht so leicht den Ausgang wiederfinden; aber ich halte das nicht für nöthig, weil sich alle Bienen an dem mit Filet verschlossenen Hauptstocke ansammeln und diesen sobald nicht wieder verlassen, da sie immer noch hoffen einzudringen.

Mit den gefangenen Räubern verfährt man, wie oben gesagt, und vereinigt sie mit andern Stöcken.

Mittels Anlegens meiner Blende lassen sich die stärksten Raubanfälle beseitigen, wenn die Stöcke nur nicht weisellos sind. Die Raubbienen scheuen sich gewaltig vor der neuen schwarzen Erscheinung und unsere Bienen, die durch dieselbe gar nicht irritirt werden, können sich viel leichter vertheidigen; von Berlepsch theilt in seinem Werke, S. 167, eine sehr überhand genommene Räuberei mit, wo meine Blende schnell Hülfe schaffte. Er empfiehlt sie daher auch als das beste Mittel, der Räuberei ein Ende zu machen.

Nur der Curiosität halber führe ich an, daß Kleine gegen die Räuberei Einlegen von Moschus, und Dzierzon, wenn sie noch keinen hohen Grad erreicht habe, das Bestreichen des Flugloches des Beraubten mit scharf riechenden Gegenständen, z. B. Knoblauch, empfohlen hat.

Von vielen Seiten wird angerathen, den beraubten Stock mit dem Räuber zu verstellen; aber oft kennt man diesen nicht und dann wird das Mittel nicht immer gelingen, sondern dadurch oft mehr geschadet als genützt werden. Hierin stimme ich von Berlepsch vollkommen bei. Viel besser ist es, mit dem Eigenthümer des Räubers, wenn man diesen kennt, ein Abkommen dahin zu treffen, daß 14 Tage lang mit dem Ausstellen beider Stöcke dergestalt gewechselt wird, daß den einen Tag der Räuber, den andern der Beraubte eingestellt wird und nicht fliegen darf. Nach jener Zeit hat der erstere meistens das Rauben vergessen.

Wie ermittelt man aber den raubenden Stock? Man bestreut die eindringenden und etwa gefangenen, sowie die abfliegenden Räuber mit geschabter Kreide oder Mehl und läßt auf den andern Bienenständen Acht geben, ob solche gezeichnete Bienen in die Stöcke fliegen. Noch schneller gelangen wir zum Ziele, wenn wir eine Anzahl Raubbienen fangen und in ein Gefäß mit einem engen Halse bringen. Mit ihnen entfernen wir uns von unserm Stande und lassen eine einzelne der Gefangenen abfliegen. Sie wird einige Kreise ziehen und dann geradeaus in einer Richtung nach ihrem Standorte abfliegen. Diese verfolgen wir weiter und lassen wieder eine Biene abfliegen, und so wiederholen wir obiges Kunststück, bis die einzelnen Bienen, die wir fliegen lassen, nicht mehr vorwärts, sondern rückwärts oder seitwärts ihre Flugrichtung nehmen. Nun beobachten wir den in der letztern liegenden fremden Bienenstand und lassen auf einmal mehrere gezeichnete Bienen los, worauf diese in ihren Stock zurückkehren werden.

Unnütz und schädlich ist der Vorschlag, Tücher vor den beraubten Stock zu hängen und Rauch vor demselben zu machen, um die Raubbienen zu verscheuchen; denn diese lassen sich dadurch nicht irre machen, wohl aber werden unsere Bienen belästigt und die Räuber bekommen mit ihnen durch den Rauch gleichen Geruch, was ihnen ihr Handwerk erleichtert.

## XIII.

## Einwinterung und Ueberwinterung der Bienen.

Bei den Bienenzüchtern, welche schwärmen lassen, was schwärmen will, spielt das Capitel von der Herbstrevision eine große Rolle, weil sie viele weisellose und schwache Stöcke, von denen Jung und Alt obendrein honigarm ist, auf ihrem Stande haben. Darum gilt bei solchen Züchtern der verderbliche Wahlspruch: Im Herbste müssen die Stöcke reducirt, d. h. ihre Anzahl muß so verringert werden, daß die zu überwinternden ihren Ausstand erhalten. Die Verminderung geschieht nun auf die Weise, daß man mehrere Stöcke mit einander vereinigt und sonach aus mehreren einen Stock macht. Also erst Theilung durch Schwärme oder Ableger, und dann wieder Zusammenwerfen, — mithin immer nur Arbeit ohne Gewinn. Wie anders gestaltet sich da die Sache bei meinem Betriebsplane! Da bilden schwache und weisellose Stöcke sehr seltene Ausnahmen; jeder Vorschwarm und verstellte Mutterstock ist volkreich und hat seinen Winterbedarf, der Honigstöcke, welche einen Ueberschuß haben, nicht zu gedenken. Da ist die sogenannte Herbstrevision, welche bei den Schwarmbienenzüchtern halbe Wochen wegnimmt, in ein Paar Stunden abgemacht; denn gar bald ist man im Klaren, ob der eine oder andere Stock der Weisellosigkeit verdächtig ist; von sonstigen Schwächlingen und honigarmen Schächern ist bei meiner Betriebsweise nie die Rede, vielmehr stehen wir im Herbst vor lauter volk- und honigreichen Stöcken, von denen nur in den seltensten Fällen einer einmal seinen Ausstand nicht hat. Daher bildet bei mir die Vereinigung auch nur die Ausnahme von der Regel, d. h. sie kommt höchst selten und nur dann vor, wenn ein Stock weisellos oder doch der Weisellosigkeit dringend verdächtig ist, und insbesondere wenn ein Honigstock hinter den andern Honigstöcken auffallend an Gewicht zurückgeblieben ist. Der Grund hiervon kann allerdings der sein, daß er seine Königin gewechselt hat, aber gleichwohl muß ein solcher Stock einer genauen innern Prüfung unterworfen werden. Zeigt er sich nun verdächtig, indem sich keine Brut bei ihm findet, so muß er cassirt, d. h. seine Bienen müssen mit einem andern Stocke vereinigt werden, denn im Herbst noch an eine künstliche Beweiselung denken zu wollen, wäre lächerlich. Hätte man dagegen einen schwachen Stock mit einer fruchtbaren Mutter (gleichviel ob Vor-, Nachschwarm oder abgeschwärmter Mutterstock), so werden die weisellosen Bienen zu diesem gebracht, indem man auf die im Capitel von der Weisellosigkeit angegebene Weise verfährt. Sollte der nun verstärkte Stock nicht genug Honigvorrath haben, so giebt man ihm einen oder ein Paar Honigringe von dem weisellosen, von Bienen entleerten Stocke.

Sollte der eine oder andere Stock, der geschwärmt hat, oder ein verstellter Mutterstock nicht den nöthigen Honigvorrath haben, so setzt man ihm einen Ring oder ein Käftchen mit Honigwaben auf, welche die Honigstöcke liefern; oder man füttert denselben, wenn uns jener Weg nicht zu Gebote steht, solange täglich im August und September mit flüssigem, mit $^1/_6$ Wasser verdünntem Honig, bis er auf seinen Winterbedarf gebracht ist.

Gute, d. h. volkreiche und weiselrichtige Stöcke soll man nie mit einander vereinigen; denn man büßt dann stets einen guten Stock sicher ein; auch kann dieses bei meiner Betriebsweise nie nothwendig werden, weil es da niemals an Honig fehlt, indem die Honigstöcke immer einen doppelten Winterbedarf in ihrer Wohnung haben. Für solche Bienenzüchter aber, die noch in der Finsterniß wandeln und daher auch gute, weiselrichtige Stöcke aus Honigmangel mit einander vereinigen müssen, bemerke ich bezüglich der Vereinigungsweise Folgendes:

Die Stöcke, die mit einander vereinigt werden sollen, müssen erst mit einander bekannt gemacht werden, d. h. einerlei Geruch erhalten (s. das Capitel von der Weisellosigkeit), und der Stock, zu welchem der andere gebracht werden soll, muß seinen Stand neben diesem gehabt haben; mit andern Worten, es dürfen nur Nachbarstöcke mit einander vereinigt werden. Dem Stocke, der vereinigt werden soll, nehme ich den Honig bis auf etliche Pfund, indem ich dessen Bienen mit Rauch hinabtreibe, und stelle ihn wieder auf seinen alten Platz. Am Abend trage ich ihn sowohl als den starken Nachbarstock, zu dem er kommen soll, an einen kühlen dunkeln Ort und schneide von den in dem schwachen Stock noch befindlichen Honigtafeln, von denen er noch einen Vorrath haben muß, die Deckelchen weg, nachdem ich abermals die Bienen mit Rauch zurückgetrieben habe, damit keine getödtet werde. Sofort wird nun der starke Stock auf ihn gestellt, seine Bienen fallen, von allen Seiten eindringend, über den flüssigen Honig her, Entmuthigung und Bestürzung läßt den andern Theil nicht an Widerstand denken und nach einigen Tagen sind alle Bienen in dem obern Stock vereinigt. Hätte der zu vereinigende Stock zu wenig Honig, so besprengt man seinen Bau mit solchem und legt noch mehrere Stückchen Honigwaben in denselben. Sollten beide Stöcke nicht auf einander passen, so bedient man sich eines mit einer möglichst großen runden Oeffnung versehenen Verbindungsbretes, so daß durch dieses die Communication zwischen beiden Stöcken hergestellt wird. Dabei ist zu merken, daß der Bau beider Stöcke so nahe als möglich an einander gebracht werden muß, und daß der schwache Stock nicht etwa auf den Kopf, sondern mit seinem untern Theil, der, damit keine Biene heraus kann, mit Filet überzogen ist, auf den kalten Erdboden gestellt wird. Damit die Bienen die nöthige Luft haben, werden ihm drei Keile untergelegt, und die Stellen, wo beide Stöcke auf einander stehen, ebenso wie jedes Flugloch, sorgfältig verbunden, bezüglich verschmiert. Nach einigen Tagen sieht man nach, und findet man da, daß die Bienen von den Waben im obern Stock bis in die des untern hängen, so setzt man zwischen beide Stöcke ein leeres Kränzchen (Ring), worauf sie sich in dieses ziehen. Tags darauf hebt man den Stock mit dem Kränzchen ab, setzt ihn auf ein Flugbret und stellt ihn ins Freie auf den alten Stand, doch so, daß beide nun zu einem Stocke vereinigte Nachbarstöcke auf den halben Flug zu stehen kommen.

Diese Art der Vereinigung ist mir nie mißlungen; man nehme sie aber bei kühlem Wetter und eher ein Paar Wochen zu spät, als zu früh vor. Wem sie zu umständlich ist, der vereinige mittels des Bovists.

Bei meiner Betriebsweise ist man also mit der sogenannten Herbstrevision bald fertig, und man schreitet daher zur Vorbereitung der Stöcke für das Winterquartier.

Verschiedene Bienenwirthe sind der Ansicht, man solle nur Stöcke mit jungen, noch nicht mehrere Jahre alten

Müttern überwintern; allein das ist in honigarmen Gegenden leichter gesagt als ausgeführt, und gar oft findet man Königinnen, die in einem Alter von 3—4 Jahren noch sehr fruchtbar sind, während andere jüngere eine starke Fruchtbarkeit entweder gar nicht erlangen, oder bald mit der Eierlage gar sehr nachlassen. Es ist daher Thorheit, Stöcke, die noch alte fruchtbare Königinnen haben, zu entweiseln und ihnen junge Mütter zu geben, da Niemand weiß, was man an diesen erlebt. Der Instinct der Bienen hilft hier schon selbst nach, indem diese die Königinnen wechseln, wenn ihre Fruchtbarkeit abnimmt, und hiermit müssen wir uns namentlich bei den Honigstöcken trösten, da wir über das Alter ihrer Königinnen selten ins Klare kommen können. Solange dieselben volkreich bleiben, solange hat es mit der Abnahme der Fruchtbarkeit der Mutterbienen nichts zu sagen; dagegen nehmen wir selbstverständlich nur starkbevölkerte Stöcke ins Winterquartier.

Auch in Bezug auf das Alter des Wabenbaues braucht man nicht ängstlich zu sein, da es viele Jahre dauert, ehe die Zellen zum Einschlagen der Brut untauglich werden, und da die Bienen die etwa untauglich gewordenen Zellen umbauen.

Im Uebrigen müssen

1) die Wachswaben bei Ständern so verkürzt werden, daß sie 1—2 Zoll vom Flugbrete abstehen,
2) die Stöcke auf eine verhältnißmäßige Höhe gebracht, und
3) mit dem nöthigen Honigbedarf versehen werden.

## Zu 1.

Der 1—2 Zoll hohe leere Raum unten im Ständer ist nothwendig, damit es den Bienen nicht an der erforderlichen Luft fehlt, sonst werden sie unruhig und laufen aus einander, wodurch viel Volk durch Erfrieren zu Grunde geht; ja sie laufen sogar Gefahr, zu ersticken, wenn vieles Gemülle und herabfallende todte Bienen im Innern der Wohnung vor dem Flugloche sich anhäufen und dieses dadurch verstopft wird. Man muß daher im Winter oft nachsehen und nöthigenfalls leise mittels eines Hölzchens Luft machen. Der Rath Knauff's, den Dunst im Stocke durch eine im Obertheile desselben angebrachte Röhre abzuleiten und unten gar kein Flugloch zu lassen, ist verderblich und führt meistentheils Durstnoth herbei, die den Stöcken das Leben kosten kann. Uebrigens werden alle Lücken in und an den Wohnungen sorgfältig verschmiert und blos ein Flugloch offen gelassen. Dieses braucht jedoch nicht gerade das unterste zu sein, sondern auch das zweite von unten eignet sich dazu; nur muß man die Bienen schon vor dem Einstellen an den Flug aus demselben gewöhnen, oder bei dem Reinigungsausfluge auch das unterste Flugloch öffnen. Gegen Mäuse verwahrt man die Stöcke auf die Weise, daß man im September oder October an den Fluglöchern Nägel von oben durch das Stroh sticht, deren Spitzen in das Flugbret (Fig. 28, a), oder, wenn das zweite Flugloch offen bleibt, in den untern Strohkranz eingreifen (b). Die Nägel werden so eng neben einander gesteckt, daß so kleine Oeffnungen entstehen, daß höchstens zwei Bienen auf einmal, nie aber eine Maus durchkommen kann.

Fig. 28.

## Zu 2.

Der zu überwinternde Stock darf nicht zu hoch sein, sonst verlieren die Bienen im Winter zu viel Volk und setzen in Folge der Kälte erst spät Brut an. Freilich kommt hierbei Alles auf die Volksstärke an, die man besonders ins

Auge fassen muß, und es ist immer besser, den Bienen etwas zu viel, als zu wenig Raum zu geben. Das gilt besonders von den Honigstöcken. Aber auch Stöcke, welche künftig schwärmen sollen, dürfen nicht zu klein sein, weil sonst die Schwärme schwach ausfallen und auch der Nachwuchs im Mutterstocke geringer ausfällt. Meine zum Schwärmen bestimmten Stöcke behalten auch im Winter eine Höhe von ungefähr 2—2½ Fuß.

## Zu 3.

Die meisten Bienenwirthe, z. B. Unhoch, Riem, Werner und von Ehrenfels, ingleichen Knauff, schlagen den Wintervorrath an Honig für einen Stock mit 15—17 Pfund viel zu niedrig an; richtiger fordert Christ als Minimum 20 Pfund reinen Honig und Spitzner noch mehr. Von Berlepsch läßt jeder seiner Beuten als Wintervorrath 32 Pfund reinen Wabenhonig. Nach meiner Betriebsweise muß ein Honigstock eine doppelte Honigernte in sich bergen, also 32—40 Pfund Honigvorrath behalten. Alle Versuche, Bienenstöcke zu überwintern, die kaum 5—10 Pfund an innerm Gewicht haben, kosten Mühe und Geld und führen zu Nichts als erbärmlichen Stöcken, während sich der überschüssige Honigvorrath, den wir den Stöcken lassen, doppelt und dreifach verzinst. Während der eigentlichen Winterruhe zehren die Bienen am wenigsten, in einer geschützten Lage kaum einige Pfund; aber von da an, wo sie sich reinigen und zu fliegen anfangen, wird die Zehrung, zumal mit der Zunahme des Brutgeschäfts, immer bedeutender. Von Ehrenfels, von Morlot, Nutt und Mussehl haben über das Wieviel der Zehrung in den einzelnen Winter- und Frühjahrsmonaten Berechnungen angestellt; aber das Meiste hängt hierbei von der Volkszahl, der Witterung und der Art und Weise der Ueberwinterung ab, so daß sich bestimmte Quanta nicht finden lassen. Nur das steht fest, daß eine gute Ueberwinterung das Meisterstück eines Bienenzüchters ist, und darum verdient dieser Punkt unsere größte Aufmerksamkeit.

Ich habe in dieser Hinsicht viele Versuche gemacht, indem ich Stöcke in Gewölben, in Kammern und auf dem Bienenstande, verwahrt und unverwahrt, überwintert habe. Dabei fand ich, daß Lagerstöcke immer mehr zehrten, als Ständer, was leicht erklärlich ist, und daß die im Freien überwinterten, der Kälte und den Sonnenstrahlen ausgesetzten Stöcke noch einmal soviel zehrten, als die gegen jene schädlichen Einflüsse verwahrten Stöcke.

Die Hauptsache während der Ueberwinterung ist Ruhe gegen jede Störung von außen und gegen Zugluft und Kälte. In ersterer Hinsicht muß dafür gesorgt werden, daß Vögel, Katzen und Mäuse von den Stöcken fern bleiben, und daß der Stand, wo sich die Bienen befinden, nicht durch Schlagen der Thüren oder auf sonstige Weise erschüttert, insbesondere also, daß nicht in seiner unmittelbaren Nähe gedroschen werde.

Anlangend den Schutz gegen Zugluft und Kälte, so sprechen des Herrn von Berlepsch und meine langjährigen Erfahrungen entschieden dafür, daß die Ueberwinteruug der Bienen in trockenen Gewölben, Kellern und Kammern, in welche es nicht friert, die beste und sicherste ist; aber stehen solche Gelegenheiten den meisten Bienenzüchtern zu Gebote? Nein, sondern nur sehr wenigen.

Manche werden vielleicht sagen, daß sich jener Mangel dadurch ersetzen lasse, daß man seine Bienen in Gruben stelle, die man bedecke, so daß die Kälte nicht eindringen könne, oder daß man sie in Häckerling oder trockenen Sand vergrabe. Das Alles ist schon vor einem halben Jahrhundert in dem praktischen Bienenvater von Riem und Werner angerathen worden und wird hin und wieder noch heute empfohlen. (Vgl. Bienenzeitung von 1852, S. 138.)

Hierher gehört auch die von Scholz vorgeschlagene Ueberwinterungsmiete (vgl. Bienenzeitung von 1861,

S. 7 und 47), welche Dzierzon so eingerichtet wissen will, daß man sie jedes Jahr zu jenem Zwecke benutzen kann. Hat Jemand Gelegenheit, ein solches Ueberwinterungslocal herzustellen, und zwar von der Beschaffenheit, daß man ohne große Arbeit und Beunruhigung der Bienen nach diesen von Zeit zu Zeit sehen kann, so ist dasselbe, vorausgesetzt, daß es trocken ist, der Ueberwinterung im Freien stets vorzuziehen, weil die Temperatur in demselben immer eher eine gleiche sein wird, als dort.

Trotz Alledem haben sich die meisten Bienenwirthe mit Recht für Ueberwinterung der Bienen auf dem Stande selbst erklärt, vorausgesetzt, daß die Localität dazu geeignet und man gegen Diebstahl gesichert ist. Unter jenen will ich nur Spitzner, Knauff, von Ehrenfels und von Berlepsch (S. 463) nennen. Auch meine Erfahrung spricht hierfür (s. meinen Wegweiser, S. 40), doch müssen die Stöcke gegen die Einflüsse der Witterung, also gegen Kälte, Nässe und Sonnenstrahlen, verwahrt werden. Ersteres geschieht auf die Weise, daß man die Ständer, gleich den Bäumen, einbindet, d. h. mit Stroh dicht umwickelt und dieses mit Strohseilen um die Stöcke bindet. Man kann auch statt des Strohes Strohdecken (Matten) flechten und diese doppelt oder dreifach um die Stöcke wickeln. Vorn werden sie mit Bindfaden zusammengebunden und oben auf den Deckel legt man ein Paar Hände hoch Heu, oder läßt das Stroh unbeschnitten und so lang, daß man es über dem Korbe zusammenbinden kann. An den Seiten des Flugloches wird die Strohdecke durch Nägel, die man in den Korb steckt, zurückgedrängt, so daß das Flugloch offen bleibt. Bei der nebenanstehenden Abbildung (Fig. 29) ist das zweite Flugloch offen gelassen, die Strohdecke darunter und darüber ist zugebunden und das unterste Flugloch verstopft.

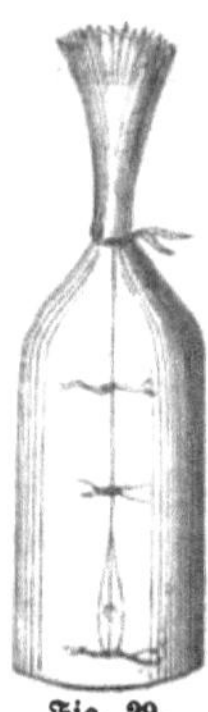
Fig. 29.

Außerdem sind nun aber die Stöcke auch noch gegen die Sonnenstrahlen zu schützen, und zwar dadurch, daß man, wenn der Stand nicht durch Thüren oder Laden verschließbar ist, Matten oder Tücher vor sie hängt, die sie zugleich gegen den Angriff der Spechte, Meisen und anderer Vögel sichern, die in dem Stroh nach Nahrung suchen. Die Südstände drohen bei der Ueberwinterung die meiste Gefahr, weit besser sind die nach Osten gelegenen Stände und am besten die Nordstände, weil hier die Temperatur dieselbe bleibt und die Sonnenstrahlen keine Veränderung in derselben hervorrufen.

Statt des Verwahrens der Stöcke gegen die Kälte auf die von mir angegebene Weise schlägt von Berlepsch S. 464 Ueberstürze von Stroh vor. „Sie werden“, sagt er, „so gefertigt, daß sie sich über den Stock hinwegstülpen lassen, und daß zwischen den Außenwänden des Stockes und den Innenwänden der Stürze 2½ Zoll Raum bleibt. Zur Stürze nimmt man Stroh und läßt dieses gegen 2 Zoll dick, lose und lässig, flechten. Fluglöcher kommen nicht in die Stürze und außen wird dieselbe mit Kuhmist (und Lehm?) abgeglättet. Von Zeit zu Zeit, wenn nicht große Kälte herrscht, kann man unten an einer Stelle des Randes der Stürze nur ein kleines Hölzchen unterschieben, um allenfalls nöthige frische Luft einzulassen.“

Mir ist nicht recht klar, wie die Ueberstürze Festigkeit und Halt bekommen sollen (der Kuhmist thut dieses gewiß nicht allein); wenn sie jenen aber haben, so mag es bei ihrer Größe oft beschwerlich sein, sie über die Stöcke zu stülpen.

Beim Einstellen in die Winterruhe gebe man den Ständern eine solche Richtung, daß sie sich etwas nach vorn zu neigen, d. h. man lege hinten Etwas unter das Flugbret, damit die Feuchtigkeit, die sich etwa auf dem Flugbrete sammelt, zum Flugloche hinausläuft. Bei strenger Kälte sehe man öfters nach seinen Bienen, aber ohne Geräusch zu machen, damit sie nicht beunruhigt werden. Vernimmt man kein starkes Brausen, sondern ein mehr ruhiges Summen, so ist Alles in Ordnung. Brausen sie dagegen so stark, wie starke Stöcke im Sommer zur Schwarmzeit, so sind sie dem Erfrieren nahe, und man muß sie in einen minder kalten Ort, einen Keller oder eine temperirte Kammer bringen und so stellen, daß die Nässe, die sich vom Eise in ihnen bildet, durch das Flugloch abfließen kann. Zu dem Zwecke kann man ihnen auch kleine Keile unterlegen und insbesondere giebt man sogleich trockene Flugbreter, damit die Feuchtigkeit keinen Schimmel an den Waben erzeugt. Sobald es die Witterung gestattet, d. h. die Kälte in Wärme umschlägt, bringt man sie auf ihren alten Stand. Verwahrt man die Stöcke auf die von mir angegebene Weise, so wird sich ein solcher fataler Zwischenfall nicht ereignen.

Ruhe und gleichmäßige, nicht allzu kalte Temperatur ist also die Hauptbedingung einer guten Ueberwinterung der Bienen; aber nach den Beobachtungen von Berlepsch und Eberhardt's in Mühlhausen tritt noch ein Haupterforderniß des Gedeihens der Bienen bei der Ueberwinterung hinzu, nämlich das, daß sie keinen Mangel an Wasser leiden; denn es ist die Durstnoth, der gar manches Volk zum Opfer fällt (von Berlepsch, S. 467 fg.) und auf welche von Berlepsch zuerst aufmerksam gemacht hat. Sie kommt hauptsächlich bei hölzernen Wohnungen, und nur selten bei Ständern von Stroh vor, und ich habe sie während der ganzen Zeit, in der ich Bienenzucht getrieben habe, nicht bemerkt.

Von Berlepsch sagt S. 469 über dieselbe: „Die sicheren untrüglichen Vorboten des im Beginn begriffenen Wassermangels sind herabgeschrotete Honigkörnchen oder starkes Schwitzen der Thürfenster bei einer äußern Temperatur über Null. Noch zwar geht es eine kurze Zeit, denn die

Bienen legen sich brausend dicht um den Honig und machen so durch forcirte Respiration und daraus resultirende höhere Wärmegrade denselben flüssig. Zugleich saugen sie das Wasser, welches sich durch ihre forcirte Respiration an den Wänden des Stockes und sonst bildet, ein. Aber jetzt sind sie auch schon im vollsten Zuge, sich unfehlbar aufzureiben. Denn jemehr sie ihren Körper anstrengen, destomehr und früher versiegt die Flüssigkeit in demselben, er trocknet förmlich aus und es bildet sich endlich fast gar kein Niederschlag mehr. Nun beißen sie in der Angst ganze Honigwaben Zelle für Zelle auf, um Wassertheilchen auszusaugen. Es reicht aber nicht aus; sie saugen die jüngere Brut aus, bebrüten kein Ei mehr, wenn auch die Königin in der Eierlage noch eine Zeitlang fortfährt. Alles umsonst. Sie gerathen förmlich in Verzweiflung, heulen absatzweise, besonders sobald man den Stock im geringsten erschüttert, wie weisellos, zerstreuen sich, wenn sie zu große Kälte daran nicht hindert, im ganzen Stocke, laufen suchend überall umher, besudeln sich gegenseitig, werden ruhrkrank und stürzen theilweise zum Flugloche heraus. Tod und Verderben herrscht nun schon, schon liegen die Leichen finger-, ja handhoch auf dem Boden, und das Volk ist verloren, wenn nicht sehr bald milde Witterung Ausflüge nach Wasser gestattet, oder der Imker ihnen Wasser reicht. Geschieht dieses, so fallen die Bienen begierig darüber her und in höchstens zwei Stunden ist die Ruhe wiederhergestellt. Die zerstreut sitzenden Bienen ziehen sich wieder traubenförmig zusammen und das häufige Sterben hat ein Ende."

In Folge dieser Beobachtungen hat von Berlepsch den Erfahrungssatz aufgestellt: „Der nässende Stock hat Mangel an Nässe, der nicht nässende Nässe genug; und ebenso hat er gefunden, daß die Durstnoth hauptsächlich dann eintritt, wenn die Bienen Brut haben und nicht nach Wasser ausfliegen können, was meistens nach dem ersten-

Reinigungsausfluge, wenn nach diesem wieder anhaltende rauhe Witterung eintritt, der Fall ist, und wobei sie durch die aus Wassermangel herbeigeführten Ausflüge viel Volk verlieren."

Als das beste Mittel gegen die Durstnoth empfiehlt von Berlepsch, einen gewöhnlichen Waschschwamm mit Wasser zu füllen und (bei Strohständern) auf das Stopfenloch zu legen. Man überdeckt denselben mit einem passenden Kästchen und verwahrt dieses sorgfältig, daß nicht Luft von außen eindringen kann. Nach einigen Tagen erneuert man nöthigenfalls das Anfeuchten des Schwammes.

Bei meinen früher engern, später weitern runden stehenden Strohwohnungen habe ich die Durstnoth nicht kennen lernen, und das ist jedenfalls ein Vorzug jener Wohnungen, den man anerkennen muß.

Ich habe oben gesagt, daß man die Bienen, wenn sie bei starker Kälte heftig brauseten, an einen temperirten Ort, z. B. einen Keller, bringen müsse, weil sie dann von der Kälte litten; das Brausen kann aber nach den von von Berlepsch gemachten Erfahrungen, zumal am Ende des Winters und bei geringeren Kältegraden, von der Durstnoth herrühren; es kann endlich, zumal bei volkreichen Stöcken, daher kommen, daß sich das Flugloch, besonders wenn das unterste offen gelassen ist, verstopft hat, daß dasselbe zugefroren ist und daß es den Bienen an der nöthigen Luft fehlt. Viele Erfahrungen lehren allerdings, daß die Fälle, wo die Bienen aus Mangel an Luft ersticken, zu den sehr seltenen gehören; aber immer gebietet die Vorsicht, dafür zu sorgen, daß sich das Flugloch nicht verstopfe, und Unsinn ist es, dazu zu rathen, daß man dasselbe den Winter über ganz verschließe.

Sollte ein Stock während des Winters besondere Unruhe zeigen, so thut man wohl, ihn, damit nicht die andern Stöcke beunruhigt werden, aus deren Nähe zu entfernen und nach der Ursache seiner Unruhe, die außer den oben erwähnten auch in dem Ableben der Mutterbiene bestehen kann, zu forschen, und ihn jedenfalls auch ferner im Auge zu behalten.

Uebrigens lasse man, solange es die Witterung einigermaßen gestattet, die Bienen ungestört in ihrer Winterruhe, und kehre sich, wenn sie in einem Keller, Gewölbe, einer Erdgrube oder dunkeln Kammer stehen, ja nicht an einzelne freundliche Tage; denn sie können 3—4 Monate unbeschadet ihrer Gesundheit dort campiren, und auf jenes folgt gar oft wieder schlechtes, kaltes Wetter. Wenn man sie aber im Freien auf ihrem Stande überwintert, und sie werden in Folge der warmen Witterung unruhig, so müssen die vorgehängten Strohmatten oder sonstigen Tücher entfernt und auch die von Berlepsch'schen Ueberstürze müssen abgehoben werden, damit sie ausfliegen und sich reinigen können; dagegen ist es nicht räthlich, daß man das Stroh oder die Strohdecken, mit denen die Stöcke umwunden sind, schon jetzt entfernt; denn das Flugloch ist ja frei, indem die Nägel das Stroh zurückhalten, und es können noch rauhe, kalte Tage kommen.

Die Auswinterung geschieht überhaupt nicht mit einem Male, sondern nach und nach, weil das Wetter nicht auf einmal beständig wird, sondern oft bis in den Mai noch großem Wechsel unterworfen ist. Indessen kann man doch die Auswinterung mit den ersten Reinigungsausflügen der Bienen als vollbracht betrachten, welche bald früher, in der Regel im Februar, bald später erfolgen. Aber damit sind wir noch lange nicht über alle Berge hinaus, und von jetzt an, wo ein neues Bienenjahr beginnt, erfordern unsere Bieuen die größte Sorgfalt, wie wir sogleich sehen werden.

# XIV.

## Auswinterung und Fütterung.

Sobald, meistens im Februar, warme Witterung eintritt, werden die Bienen in ihrem Winterlager unruhig; sie fangen an zu summen und suchen durchzubrechen, d. h. in das Freie zu gelangen. Hier ist es nun an der Zeit, ihnen, wie soeben gedacht, den Ausflug zu gestatten (Reinigungsausflug). Je vollständiger sich die Bienen reinigen, desto besser ist es; aber durch einen schnellen Temperaturwechsel kann jenes Geschäft leicht unterbrochen werden, so daß eine nicht unbedeutende Anzahl Bienen ihren Unrath nicht los wird. Es bleibt da weiter Nichts übrig *), als mit den Bienen bessere Tage abzuwarten; aber befördern können wir, tritt nur ein recht günstiger Tag ein, das Geschäft allerdings dadurch, daß wir jedem Ständer kleine Keile unterlegen, damit die warme Luft sich schneller und kräftiger in dem Stocke verbreitet und recht viele Bienen mit einem Male aus demselben hervorkommen und ausfliegen können. Man glaube ja nicht, daß man durch das Unterlegen der Stöcke zum Rauben Veranlassung gebe; bei den ersten Ausflügen haben die Bienen noch keine Raubgedanken; denn die Entledigung von dem Unrathe, den sie bei sich haben, ist für sie gewissermaßen eine Arbeit, eine Art Krisis, und der Trieb nach Honig erwacht erst später. Gegen Abend, wenn die Bienen sich wieder in ihren Stock zurückgezogen haben, zieht man die Keilchen weg, oder, was noch besser ist, man giebt den Stöcken andere Flugbreter. Hat man nur wenige vorräthig, so giebt man blos dem ersten Ständer ein neues Flugbret und benutzt das diesem Ständer

*) Die Bienen in warme Räume, z. B. große Zimmer oder Gewächshäuser, zu bringen, damit sie sich in denselben reinigen, wie Dzierzon und Andere vorschlagen, ist unausführbar, bezüglich schädlich.

genommene für den nächsten Stock, nachdem man dasselbe vorher gereinigt, gehörig abgewischt und umgedreht hat, damit der Stock auf die Seite des Flugbretes zu stehen kommt, auf welcher seither ein Stock nicht stand.

Fatal ist es, wenn der erste Reinigungsausflug in eine Zeit fällt, wo noch Schnee liegt, weil viele Bienen sich auf demselben niederlassen, oder in den Schnee fallen und erstarren. Das Beste ist, daß man vor dem Stande Strohdecken, Bastdecken oder Stroh ausbreitet, worauf sich die Bienen, ohne zu erstarren, niederlassen können, denn viele sind noch sehr matt; sehr gut, weil wärmend, ist auch Pferdemist. Wenn viele Bienen auf dem Schnee erstarren, so thut man wohl, sie in Gläser aufzulesen, wobei man auch Kinder gebrauchen kann. Man läßt sie dann in einer warmen Stube aufleben und wenn sie sich völlig erholt haben, vor dem Bienenstande abfliegen.

Vermögen sich die Bienen wegen zu kurzer warmer Witterung nicht vollständig zu reinigen, so beruhigen sie sich wieder, und versparen die Reinigung auf eine geeignetere Zeit, die bald früher, bald später eintritt. Auch tritt nicht selten nach vollständiger Reinigung so rauhes und kaltes Wetter ein, daß es wieder ganz still in den Stöcken wird, eine Ruhe, die man nicht stören, sondern vielmehr durch Verhängen der Stöcke mit Decken u. s. w., um sie gegen die Sonnenstrahlen zu schützen, befördern muß. Es beginnt dann später, oft nach mehreren Wochen, ein anderweitiger Ausflug in Masse, wobei wieder bezüglich des Unterlegens der Stöcke mittels kleiner Keile und des Wechsels der Flugbreter dasselbe zu beobachten ist, was schon vorhin bemerkt wurde.

Bei den Reinigungsausflügen, gleichviel ob dem ersten oder zweiten, hat nun der Bienenwirth das Benehmen der einzelnen Stöcke genau zu beobachten. Ein aufmerksamer Bienenwirth kann da noch leicht dahinterkommen, ob ein Stock weisellos ist oder nicht. Es ist ein gutes Zeichen, wenn die Bienen massenhaft vorspielen, Blumenmehl und sonstiges Gemülle, auch ihre Todten aus den Stöcken schaffen und überhaupt ihren Bau zu reinigen bemüht sind; es ist ein schlimmes Zeichen, wenn sich hierin Unthätigkeit zeigt, wenn die Bienen ein schläfriges Wesen an den Tag legen, oder gar unruhig umherlaufen, nach Etwas zu suchen scheinen, bei dem Bewegen des Stockes aus demselben hervorstürzen und endlich einen wie Geheul klingenden Ton von sich geben. Hier sind sie meistentheils weisellos. Man beobachte daher die Stöcke auch in den spätern Nachmittagsstunden, wo sich jene Unruhe bisweilen recht vernehmlich zeigt, weil da die Bienen den Verlust ihrer Königin erst dann wahrgenommen haben.

Ist man, was sich später immer mehr hervorstellen muß, wegen der Weiselrichtigkeit und Volksstärke der einzelnen Stöcke beruhigt, so hat man auf den Honigvorrath derselben sein weiteres Augenmerk zu richten; d. h. es entsteht die Frage:

Ob sie gefüttert werden müssen?

Die Fütterung ist, wie ich schon im fünften Abschnitt angedeutet habe, theils eine speculative, theils Nothfütterung.

In Bezug auf erstere verweise ich dorthin und bemerke blos noch, daß es besser ist, wenn man die zur speculativen Fütterung bestimmte Quantität Honig (in der Regel 3 Pfund) in nicht zu vielen kleinen Portionen, sondern auf 5—6 Mal darreicht, so daß die Bienen jedesmal ½ Pfund bekommen, und daß man ferner wohl thut, mit dieser Fütterung es so einzurichten, daß sich an die letzte Portion gute Tracht im Freien anschließt, damit nicht wieder von Neuem Abnahme in der Honigtracht entsteht und das Brutgeschäft sich vermindert. Bei meiner Betriebsweise werden natürlich nur die Stöcke, welche schwärmen sollen, gefüttert, und bei den Honigstöcken fällt, da sie einen doppelten Winterbedarf erhalten haben, alles Füttern weg.

Von einer Nothfütterung ist daher bei meiner Betriebsweise nicht die Rede; denn selbst die Vorschwärme und die sofort verstellten Mutterstöcke haben, höchst seltene Fälle ausgenommen, jedes Jahr ihren reichlichen Winterbedarf.

Ich habe daher nur noch zwei Fragen zu beantworten, nämlich

1) die: Womit soll gefüttert werden?

Antwort: Mit gutem Honig oder Candiszucker.

Es kommt hierbei viel auf die Jahreszeit an. Ist diese weit vorgerückt und wir befinden uns zu Ende des März oder April, so können wir den Honig flüssig und zwar $^2/_3$ Honig und $^1/_3$ Wasser geben; wir können die Bienen auch mit 1 Theil Honig, 1 Theil Candis und 1 Theil Wasser füttern, der Candis muß aber abgeschäumt werden. Aller amerikanische, polnische und selbst der Haidehonig sei und bleibe aber verbannt.

Muß man aber schon im Februar füttern — was bei einer verständigen Behandlung nie der Fall sein darf —, so geschehe dieses mit Rosenhonig, d. h. versiegelten Honigwaben, die man in einem Kranze oder Kästchen dem Stocke aufsetzt, oder, wenn man diese nicht hat, mit unaufgelöstem Candiszucker. Dieses Futter hat Weigel zuerst bekannt gemacht (Bienenzeitung von 1845, S. 8) und es wird von vielen Seiten, namentlich von von Berlepsch S. 329, sehr empfohlen. Ich habe mich desselben, da es früher nicht bekannt war und es mir später nicht an Honig fehlte, nie bedient. Das Verfahren, welches von Berlepsch, a. a. O., empfiehlt, ist folgendes: Der Candis wird in Stücken in das mindestens 2 Zoll im Durchmesser haltende geöffnete Stopfenloch des Deckels Stück an Stück eingesetzt, und auf denselben ein mit Wasser angefeuchtetes, mehrfach zusammengelegtes Läppchen gelegt. Das Ganze bedeckt man mit einer seiner Größe entsprechenden Tasse, einem Napfe (Tiegel) oder einer Schachtel, und verschmiert Alles sorgfältig. Etwa einen Tag um den andern sieht man nach, feuchtet das Läppchen von Neuem an, damit es den Bienen nicht an Feuchtigkeit fehle, um den Zucker auflösen zu können, und legt, wenn sie diesen verzehrt haben, neue Stücke ein. Am besten thut man, wenn man das Aufsätzchen mit dem Candis nicht verschmiert, sondern mit großen Lappen bedeckt, die kein Licht und keine Luft einlassen und jenes dann mit einem Stein beschwert. Da kann man zu jeder Zeit und ohne Beunruhigung der Bienen nach dem Candis sehen.

Von dem Füttern im Februar oder Anfang März halte ich überhaupt Nichts; es kostet immer viel Volk und zieht meistens die Ruhr nach sich. Niemals aber soll man schwache Völker durch Füttern erhalten wollen; denn das Futter ist, wie von Berlepsch mit Recht sagt und ich aus vieljähriger Erfahrung weiß, sicher vergeudet, anderer Uebel, wie z. B. des Heranlockens von Raubbienen, nicht zu gedenken.

Schließlich habe ich noch der Mehlfütterung, die lediglich den Pollen ersetzen und daher hauptsächlich das Brutgeschäft befördern soll, zu gedenken. Man hat sich nämlich überzeugt, daß das Getreidemehl den Pollen (Blüthenstaub) vollkommen ersetze, und zwar jedes Mehl. Von Berlepsch räth, mit der Mehlfütterung nicht zu früh, nicht vor den letzten Tagen des März zu beginnen, den Bienen aber auch zugleich Wasser zu gewähren. Er stellt tiefe Dzierzonbeuten an windstillen Orten, also im Freien, auf, und stellt in dieselben alte feste Drohnenwaben, deren eine Seite voll Mehl gestopft wird. Natürlich nehmen auch fremde Bienen an dem Schmause theil und von Berlepsch hat im Jahr 1857 480 Pfund Roggen- und Weizenmehl verfüttert, von denen jenes 1 Groschen, dieses 2 Groschen im Einzelnen kostet.

Das Mittel ist daher zu kostspielig, um es dem Landmanne empfehlen zu können, zumal es in den meisten Gegenden Ende März nicht mehr an Blüthenstanb fehlt. Wer Versuche machen will, der lege Waben, von denen ein Theil mit Mehl, der andere mit Wasser und der dritte mit Honig gefüllt ist, nach geöffnetem kleinen Deckel oben auf den Stock und stülpe über diesen einen 3—4 Zoll hohen leeren Kranz, der mit einem Deckel versehen ist. Alle Fugen werden wohl verschmiert, nur der kleine Deckel nicht, damit man diesen nach Belieben zu jeder Zeit wegnehmen und sich davon überzeugen kann, ob die Bienen dem Mehl zusprechen. Später nimmt man die Waben nebst dem sie umgebenden Kranze wieder weg, wenn man diesen nicht etwa als Aufsatz benutzen und Honig in denselben eintragen lassen will.

Man hat noch folgende Substanzen als Bienenfutter vorgeschlagen:

a) Gemahlene, zu einem Brei gemengte Oelkuchen, und
b) Träbern von Kanariensamen mit Wasser zu einem Brei gemengt;

es leuchtet aber ein, daß, wenn jene Substanzen auch den Pollen zu ersetzen vermögend sein sollten, sie dennoch den Honig nicht ersetzen können, und daß sie daher keine Surrogate für diesen sind.

Das Beste ist, wenn die Bienen eine doppelte Honigernte im Stocke haben und einer Fütterung überhaupt nicht bedürfen; — und das ist bei meiner Behandlungsweise stets der Fall.

Es ist nun noch die Art und Weise der Fütterung näher zu beschreiben, die sich gleich bleibt, es mag nun flüssiger Honig aus Speculation oder aus Noth gefüttert werden. Das Beste ist, wie schon bemerkt, wenn man die Nothfütterung auf die Weise bewerkstelligt, daß man den bedürftigen Stöcken Aufsätze giebt, in denen sich bedeckelter Honig befindet, die genau auf die erstern passen; die Waben des

Aufsatzes müssen aber mit denen des Hauptstockes übers Kreuz zu stehen kommen, damit nicht den Bienen die Zugänge zu den Honigwaben des Aufsatzes versperrt werden.

Die speculative Fütterung erfolgt stets mit flüssigem Honig, dem $^1/_3$ Wasser zugesetzt ist; jede Fütterung mit flüssigem Honig muß aber von oben erfolgen, und nie darf man denselben den Stöcken in Tellern oder Näpfen untersetzen, denn dadurch wird gar zu leicht Räuberei herbeigeführt. Zur Bewirkung einer Fütterung von oben ist ein Stopfenloch im Deckel von wenigstens zwei Zoll im Durchmesser erforderlich. Man kann dann auf zweierlei Weise den flüssigen Honig den Bienen geben.

Man kann ihn nämlich in ein Glas füllen und dessen Oeffnung mit doppelter Leinwand oder mit Blase überziehen, die durch Stecknadelstiche durchlöchert ist. Die Leinwand sowohl als die Blase wird straff angezogen und an dem Glase festgebunden, dieses umgedreht und mit seiner Oeffnung auf das Stopfenloch gestellt, so daß nun die herankommenden Bienen den durch die Leinwand oder Blase sickernden Honig aufsaugen. Jede Oeffnung zwischen dem Deckel und der Glasmündung wird sorgfältig verschmiert und über das Glas ein Asch oder sonstiges Gefäß gestellt, so daß keine Hellung eindringen und man doch von Zeit zu Zeit mit leichter Mühe nachsehen kann, ob die Bienen den Honig aufgezehrt haben.

Später habe ich jedoch immer folgender Fütterungsweise den Vorzug gegeben: Ich ließ mir vom Töpfer runde Futternäpfchen machen, die 4—5 Zoll im Durchmesser hielten und 2 Zoll tief waren, so daß sie reichlich $^1/_2$ Pfund Honig fassen konnten. Sie glichen aber sogenannten Asch- oder Ringelkuchenformen, indem sie in der Mitte eine runde, 1 Zoll im Durchmesser haltende Röhre hatten, deren Wände $^1/_4$ Zoll niedriger waren als der Rand des ganzen Näpfchens. Dieses wurde nun auf das Spundloch des Deckels gestellt, so daß die Bienen durch die im Näpfchen befindliche Röhre aus dem Stocke herauf und zu dem Honig im Näpfchen gelangen konnten, welcher mit Strohschnippeln bestreut war. Einen Deckel hatte ich auf meinem Näpfchen nicht. Um nun zu verhüten, daß nicht fremde Bienen zu dem Honig gelangten, setzte ich auf den Deckel des Stockes einen Strohkranz, befestigte diesen, der genau auf den Stock passen mußte, an diesen mittels eiserner Klammern, und verschloß den Kranz mittels eines Strohdeckels, auf den ich einen schweren Stein legte, so daß dieser von allen Seiten fest schloß und keine Lücke sichtbar war. Vorher stellte ich natürlich das gefüllte Näpfchen mit in den Kranz hinein und die Bienen kamen von allen Seiten aus dem Spundloche, das oft 4—6 Zoll im Durchmesser hatte, heraufspaziert und machten sich sogleich über den Honig her. Nach ein Paar Tagen wiederholte ich die Füllung, wobei sich die Bienen sofort wieder einfanden, ohne daß es einer einfiel, herauszufliegen. Hatte ich die bestimmte Quantität gefüttert, so nahm ich den Kranz und Futternapf hinweg, den ich, was ich noch bemerken will, gar oft neben die Oeffnung im Deckel setzte, nicht immer auf dieselbe.

Vervollkommnet hat diese Fütterungsweise von Berlepsch (S. 328). Seine Näpfchen enthalten 6 Zoll im Durchmesser und sind 3½ Zoll hoch. Die Röhre in der Mitte ist 2¼ Zoll hoch und hält 1½ Zoll im Runddurchmesser. Auf den Honig im Futternäpfchen wird ein durchlöchertes dünnes Bretchen gelegt, damit die Bienen, ohne zu ersaufen, den Honig aufsaugen können, und das Näpfchen wird durch einen darauf passenden thönernen Deckel verschlossen, so daß, wenn alle Oeffnungen zwischen dem Näpfchen und dem Deckel des Korbes wohl verstrichen werden, der ganze Futterapparat mit dem Futter unbedeckt Tag und Nacht stehen bleiben könnte, wenn nicht die Vorsicht eines guten Bienenvaters riethe, dennoch einen Asch oder ein ähnliches Gefäß darüber zu stellen, um nicht durch den Geruch Raubbienen herbeizuziehen.

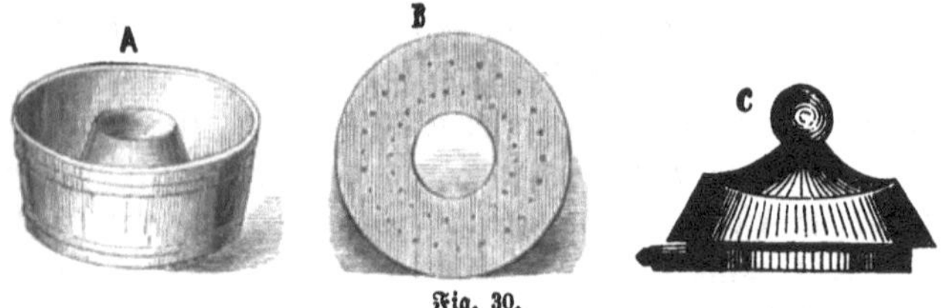


Fig. 30.

A Fig. 30 ist das Näpfchen, B das Bretchen, das über den Honig kommt, und C der Deckel auf das Näpfchen.

# Sachregister.

---

Druck von F. A. Brockhaus in Leipzig.

Zeitfracht Medien GmbH
Ferdinand-Jühlke-Straße 7
99095 Erfurt, Deutschland
produktsicherheit@kolibri360.de